友者生存 1
善用贵人杠杆

李海峰　陈杰平　麦　子　主编

华中科技大学出版社
http://press.hust.edu.cn
中国·武汉

图书在版编目（CIP）数据

友者生存.1,善用贵人杠杆/李海峰,陈杰平,麦子主编.—武汉:华中科技大学出版社,2024.4

ISBN 978-7-5772-0710-0

Ⅰ.①友… Ⅱ.①李… ②陈… ③麦… Ⅲ.①成功心理-通俗读物 Ⅳ.①B848.4-49

中国国家版本馆CIP数据核字(2024)第062951号

友者生存1:善用贵人杠杆　　　　　　　　　　李海峰　陈杰平　麦子　主编
Youzhe Shengcun 1:Shanyong Guiren Ganggan

策划编辑：沈　柳
责任编辑：沈　柳
封面设计：琥珀视觉
责任校对：林宇婕
责任监印：朱　玢
出版发行：华中科技大学出版社(中国·武汉)　　电话:(027)81321913
　　　　　武汉市东湖新技术开发区华工科技园　　邮编:430223
录　　排：武汉蓝色匠心图文设计有限公司
印　　刷：湖北新华印务有限公司
开　　本：880mm×1230mm　1/32
印　　张：7.875
字　　数：197千字
版　　次：2024年4月第1版第1次印刷
定　　价：55.00元

本书若有印装质量问题,请向出版社营销中心调换
全国免费服务热线：400-6679-118　　竭诚为您服务
版权所有　侵权必究

PREFACE
序言

一个人想要改变自己的命运，贵人杠杆是必备的。

我有一个自创的"贵人四段论"：**做自己的贵人，遇到贵人，做他人的贵人，激发更多人做彼此的贵人**。

如果把数据加进来，结合发展阶段，我们可以进行如下扩展。

首先，我们要不断成长。每天问自己："我进步了吗？"这个阶段是做自己的贵人。在这个阶段，收入不重要，提高能力最重要。**大学刚毕业的时候，我经常问自己，我每年的能力怎样可以提高 30%？**

然后，当能力提高到一定阶段后，可能就没有那么快的进步速度了，毕竟从普通到优秀容易，从优秀到卓越不易。这时，要开始努力创造机会遇到贵人。利用同样的技能，服务不同的付费人群，收入就不一样。有的时候，一个人就可以带你进一个圈子。**在能力已经超过 80% 的同行的时候，我经常问自己，我每年的收入怎样可以增长 30%？**

友者生存1：善用贵人杠杆

30年河东，30年河西。风口总是会变。大家都知道，在风口最受益，但总是抓风口，要不断切换赛道，容易让人疲惫且无幸福感。但是，如果我们深度帮助别人，比如用自己的资源全力协助他人，帮的人够多，风口的收益很可能跟着人就来了。**在我的收入已经达到自己满意的水平时，我经常问自己，我投资的企业或者个人，每年的收益怎么可以有30%的增长？**

很多时候，我们忙着做和自己相关的事情，却忽略了一个事实——整个世界其实都和我们相关。我在认证了4000多名讲师、投资了26家公司之后，才得出第四段的结论。我不再执着于思考所做的事情是否和自己的利益强相关。**现在，我经常问自己，我每年给这个世界带来的贡献怎么可以有30%的增长？**

感谢你购买了这本书，打开这本书，传播这本书。

通过出版合集的方式，让联合作者们**做自己的贵人、遇到贵人。尽量主动地去做别人的贵人，并且激发有缘的读者的灵感，在阅读中、在和作者的互动中，做彼此的贵人。**这个就是我现在正在做的事情。

这本书收录了35位联合作者的文章，每篇文章彼此独立。你可以先通读一遍，我们把作者们的二维码都放到书里。如果你发现了同频的作者，不仅可以多读两遍，还可以直接扫码联系他，相互交流。我分享一下我的读书笔记，作为你的开胃小菜，相信你一定会在这本书里有很大的收获。

序言

蔡敏(G老师、Grace)是美国总统终身成就奖获得者。她认为:"一个人做公益不难,但是长期坚持做公益,并且用做终身事业的热忱来做公益,需要坚定的信念和坚持不懈的付出。"

刘宝婵是无畏活法创始人。她经历过多次人生低谷,但她始终相信自己,就拥有了一次次从低谷站起来的力量和勇气。

曾明是教育IP战略顾问。她认为:"强关系能给你过去,但弱关系能给你未来。"启动某个弱关系,机会就藏在弱关系里。

陈牧心是独立投资人、新品牌战略顾问。她要做有目标的长期主义者,坚定地行走在热爱和自我实现的路上。

陈文辉是优习阅读英语品牌创始人。她将带着她的学生,一起探索原版图书阅读的魅力。原版图书阅读是她的热爱,也是她和学生们共享的学习旅程。

陈雅静是高级家庭教育指导师。她希望能帮助更多的家长和孩子,帮助每个家庭总结属于自己的亲子成长秘诀。

崔春(CC)是蒲公英家庭教育青少年心理导师。她说:"如果跑不赢时间,就跑赢昨天的自己。过去不重要,未来才重要。无论活成什么样,都要记得谢谢今天的自己。"

友者生存 1：善用贵人杠杆

洪阳是非常牛教育创始人。他认为："家庭教育是人生重要的事业，家长只需静待花开，以积极、开放、尊重的心态对待孩子，陪伴孩子一起幸福长大。"

胡珺喆是博商特聘演说导师。好的演说能够入脑入心，让人行动，让人改变！他分享了提升商业演说力的 5 个关键词，帮你提升演说效果。

华华是自信力教练。从自卑到自信的这条路，她独自一人走了二十几年，艰难而漫长。幸运的是，她最终找到了自己来到这个世界上的使命。

乐都是个人品牌写作教练。阅读与写作，拯救了她。让她在花甲之年，发现了更好的自己，她感觉自己又焕发了青春，人生逆生长。

练荣斌是创始人知识 IP 教练。他认为："行动学习不仅仅是一种学习方法，还是我不断进步和成长的动力。"

梁文婷是 NLP 智慧赋能导师。她深谙"想让自己的时间更有价值，就必须掌握专业技能和创造力"的道理，不断努力提升自我。

刘公子是私人衣橱规划师。她跟读者分享了衣橱规划的七大魔法，让中国女性的美具有形象影响力。

序言

留学校长 K 是校长 K 的留学圈访谈主理人。因为留学这块跳板，她越跳越高，成为最年轻的校长和品牌创始人。

麦子是个人成长教育操盘手。她想做接力型教育，助力生命成长，她认为这比她教商业、教私域更能让人从本质上改变，获得幸福感，这才是最具价值的事业！

谦语是国际金融理财师、养老财务规划师。财富管理，贯穿人的一生，也可以看作是人一生的风险管理。她致力于为用户提供完美的财富解决方案。

天雅是真我文化创始人。对于她来说，热爱就是不断赋能他人的成长。在追梦的过程中，活出真我，给他人传递能量。

王勇程是有 21 年经验的室内外资深设计师。他永怀感恩之心。感恩，是他行走人生路时获得的智慧，让他对世间的艰辛和挫折充满坚定的勇气，让他迎接生命中的一切起伏。

唯她是国家二级心理咨询师。她认为："目标要分短期和长期，一步一步往前走，才能踏实。"她不断地鼓励自己，每天都离美好的目标越来越近。

温蒂是数字积极心理学开创者。她坚持利他的行为，因为无论是出于道德的驱使，还是内心的渴望，都能在人与人的相互作用中找到其价值。

友者生存1：善用贵人杠杆

　　文静是高客单声音演说教练。声音是人的第二张脸。她做声音教练的8年，把自己活成了一个为美好发声、美好"声"活的传播者。

　　秀娟水墨画是中英法水墨画、书法老师。她在法国学习卢浮宫艺术史课程，活出了生命的精彩和实现了自己的价值。

　　徐钦冲是多家公司的商业顾问、天使投资人。他分享了三点感悟：构建点、线、面、体，事业经营五维，人生理念三利。

　　徐志鹏是心理咨询师培训导师。他很喜欢做小而美的心理工作室，把它布置成自己想要的样子，每天向美而生。

　　宣盈是基金公司合伙人、产业投资人。她说："人生这条路很长，我们的未来是星辰大海，不必踌躇于过去的半亩方塘。那些曾受过的伤，终会化作照亮前路的光。"

　　戴海燕是创业公司合伙人。她是一名终身学习者，喜欢阅读，热爱运动。她考虑做一件事的思考时间很长，但一旦决定要做什么，就会当机立断。

　　杨惠芳是中税协高端人才和卓越税务师。她提醒中小微企业修建财税护城河，因为它能合理节税，减少不必要的开支。

　　杨敏是爱利特阅读创始人。她认为："限制个人事业发展和企业发展的根本原因,既不是产品能力,也不是技术能力,而是你如何改变用户对你或对你的产品的认知。"

押花姐是连续创业18年的外贸企业家。她说:"构建好创业的防御和成本系统,降低企业的破产风险,让企业活得更久一点,每时每刻都做好准备。"

洋星是CEO精力管理教练。他的观点是:"如果一个人只帮助他人,不向他人求助,能量就无法流动,你也很难跟他人建立更深的联结。"

易益是上市公司商学院院长。她一步一个脚印,在追梦路上,砥砺前行,不惧,无悔!

赵赵是连续创业者。他认为:"中年人的真正职场危机是年龄的劣势,如何规避劣势并将劣势转化为优势才是关键。"

周阳是多所大学就业创业导师。他在思考了人生之后,明确了自己要做什么、要成为谁、梦想是什么。他将努力成为一个优秀的职场人,用行动去回报那些曾经帮助过他的贵人。

卓雅是北京慧美文化品牌创始人。她的观点是:"不是你不行,而是自我设限太多。敢于尝试,人生才能有更多的可能!"

看完上面的介绍，我猜你可能有这种心理：一方面，你觉得这些作者实力很强；另一方面，又觉得选择太多，可能性太多，反而不知道怎么下手。

那么，我给你介绍另外一个角度，带你阅读本书，即不是从"找贵人"的角度去读，而是从"找朋友"的角度去读。

找贵人，讲究快准狠、有效率；做朋友，更在意的是心理同频。

如果这样，你就可以不慌不忙。将书常放在身边，每天翻 2 篇或 3 篇，一周加 3 个或 5 个好友。

我祝福你，找到贵友。既是贵人，又是朋友，无论书里，还是书外。

李海峰

独立投资人

畅销书出品人

贵友联盟主理人

2024 年 4 月 28 日

目录 CONTENTS

师，是天下最好的善	唯有把苦难当成礼物，你才能拿到打开幸福人生的钥匙	弱关系让我赚到了人生的第一个一千万
蔡敏（G老师、Grace） 1	刘宝婵 8	曾明 15
人生价值，行深致远	一名大专生，经过摸爬滚打，成为优秀的英语老师	用教育点亮全世界
陈牧心 22	陈文辉 28	陈雅静 36
每一天都重要，每个小时都值得	家庭教育是我的事业，也是我的修行	商业演说的5个关键词，让你轻松应对关键时刻
崔春（CC） 43	洪阳 48	胡珺喆 54
从小极重度听力障碍的女孩，是怎么活出自信的？	我与写作一见钟情，在极致利他中，把自己的价值发挥到最大	全域八卦IP之旅
华华 62	乐都 69	练荣斌 75
掌握健康财富心力认知法，活出精彩人生	衣橱规划美学，让你更有形象影响力	留学是人生的跳板
梁文婷 82	刘公子 87	留学校长K 95

友者生存1：善用贵人杠杆

从私域操盘手，到生命成长操盘手
麦子
102

那些你不知道的关于财富的事
谦语
110

做过10多份工作，我如何将热爱变成事业？
天雅
118

行走人生路，我与你分享我的经验与智慧
王勇程
126

认真做好人生规划，当下就是最好的时候
唯她
133

给予的艺术：如何成为别人生命中的贵人
温蒂
139

主播也疯狂
文静
149

水墨画从武汉到巴黎
秀娟水墨画
154

深耕圈层，撬动贵人杠杆的商业实战笔记
徐钦冲
159

如何做一家小而美的心理工作室
徐志鹏
165

人生最大的贵人，就是那个本自具足的自己
宣盈
172

人生自定义——成功的对立面不是失败，而是你从未尝试过
戴海燕
179

为什么要修建财税护城河？
杨惠芳
186

破界——让可能变成现实
杨敏
193

全方位布局，让企业活得更久
押花姐
200

目录

如何向上社交，获得贵人运？

洋星
205

凌晨四点的小时光

易益
210

我的中年危机解除之路

赵赵
216

勇敢地追求梦想，让自己也成为贵人

周阳
223

从月工资1800元到年入200万元的成事心法

卓雅
229

> 无论是青少年，还是在互联网创业路上的年轻人，助力他们实现自己的目标，是我的使命。

师，是天下最好的善

■ 蔡敏（G 老师、Grace）

私域肖厂长 2024 年度发售裂变总统筹
格掌门操盘手合伙人
高知联盟首席运营官

我的主要人生经历

2001年8月,只身前往美国攻读MBA。入学7个月后,进入美国当时最大的IT公司的子公司实习,并在4个月后,拿到正式录取通知,当时我研究生还未毕业。

2003—2005年,担任该公司创意总监,为通用汽车全球项目管理高管制作培训课程,同时负责公司一年近10场展会。

2005年,和先生一起创业,试水大健康行业。和美国权威医生一起合作研发保健品,目前公司拥有50多个产品,销往100多个国家和地区。

2012—2013年,在一块占地10亩的富人区,亲自设计并建造了使用面积达到700平方米的别墅。

2013年,承办第二届国际青少年钢琴家比赛。

2015—2017年,从微信0好友开始做代购,3个月后每日有5位数的净利润,从超市零食到奢侈品,几乎都有涉及。曾经把一款面膜在美国卖断货,成为淘宝排名前三的维密大卖家独家买手。

2016年,创建非营利机构密歇根青少年励能基金会(mYe),致力于青少年教育,培养新时代的科技精英。

2017年,作为国际青少年科技创新论坛的副总策划,带领美国20余位各项大赛的青少年获奖者在浙江举办千人论坛。

2018年,荣获密歇根州奥克兰郡杰出精英称号(唯一入选华人)。

2019年,担任国际青少年艺术和科技大赛联席主席,邀请稻盛和夫基金会会员及2019年京都奖获得者出席颁奖典礼。

2020年,作为密歇根武汉后援团的三位发起人之一,为武汉捐送物资。

2021年，获得美国总统拜登颁发的"美国总统终身成就奖"。

2022年，获得美国Ilitch体育公司和Comerica银行颁发的"变革者"奖章。

2022年，成为一家互联网创业教育平台旗下千人团队的首席运营官，负责运营团队和讲师的培训，获评"星火讲师"（仅五位）。

2023年，获得美国亚太裔协会颁发的"教育杰出贡献奖"。

2023年，进入IP操盘手赛道。

"君子不器"是我在职场上能够奋发向前，快速进入新赛道的秘诀。

在工作中，大家对我有很多称呼，如蔡总、蔡秘书长、蔡会长等等，但我最喜欢的，还是被称为"Grace导师"！

助力青少年成长

小A目前就读大学三年级，最开始认识他时，他才刚刚读完8年级。他来mYe学习网站设计，上课一直不怎么说话。偶然一次和我聊起3D设计和打印，他眼里闪现出难得一见的光芒。

我说，你来我们的3D设计课做助教吧。于是，小A从9年级开始，一直到高中毕业的这4年时间里，一路从助教升为老师，成了他所在高中的机器人队队长，多次冲进大型比赛的决赛；带领团队为残疾儿童打印义肢，多次被媒体报道；在疫情期间，培训了无数志愿者，为一线人员打印3D面罩，被美国著名杂志《福布斯》评选为8位18岁以下的杰出青少年之一。后来，我才知道，我最初遇到小A的时候，他正处于抑郁中，是我对他的鼓励让他度过了最艰难的一段

友者生存 1：善用贵人杠杆

时光，让他的才华真正地得以显露！

小 A 同学是从 2016 年至今，我培养的数千位 K-12 学生中的一位。学生们都叫我 Coach Grace（Grace 导师）。

我创办 mYe 的初衷是希望给孩子们提供一个机会去了解世界最前沿的技能，我们几乎什么都教，如编程、音乐编曲、视频制作、摄影、动漫、国际象棋、街舞、绘画、演讲、无人机、无人驾驶、人工智能等等。在 mYe，孩子们尝试各种创新的项目，在这个过程中，逐渐找到自己的爱好，明确未来发展的方向。

最开始的一段时间非常艰难，市面上找不到现成的课件，我利用之前为通用汽车全球项目管理高管制作培训课程的经验，自己编写各门课程的课件。最多的时候，我一周要写 7 门课程的课件，因为我并不是专业出身，所以需要花大量的时间学习，然后把做好的 PPT 拿给各专业老师一一过目。

我多年职场经历磨炼出的韧性以及快速掌握新技能的能力，让专业的老师对我做出的课件赞不绝口，学生的课堂反馈也非常好！

2020 年，mYe 作为 Make X 机器人挑战赛的合作方，获得了全球组织机构奖的第一名，而我也获得了全球杰出教练奖。在 mYe 培训的 25 名参赛选手中，18 名选手获得了不同类别的大奖，1 名选手获得了全球仅 5 位的全能奖。

2021 年 5 月，我辅导的 5 位 10—13 岁的孩子在由欧洲航天局、空中客车基金会与欧特克联合举办的月球空间站 3D 设计挑战赛中，从几千支队伍里胜出，拿下了世界冠军。孩子们因此获得了和欧洲航天局的宇航员线上交流的机会。

2021 年末，我受邀为 Make X 编写 2022 年赛季的教练培训教材，用于培训中国赛区之外的所有国家和地区的教练，以便让全世界更多的孩子能够在这些教练的带领下，积极参与科技创新！

中国科技支教行

中国行是我每年至少花6个月来策划的一个公益项目，我带着20多位美国高中生在暑假来中国进行15天左右的交流和学习。

第一周，带他们去感受中国的前沿科技和最具特色的小商品市场，走访凯迪拉克上海工厂、杭州的人工智能小镇、浙江大学创业孵化园区、阿里云、海康威视、先临三维、义乌小商品市场。

第二周，我们在一个贫困村庄的中学举办了为期一周的支教夏令营。上课用的3套机器人都是我们从美国背来的。

这两周，无论是对于孩子们，还是对于我，都终生难忘。在结营仪式上，来自美国的小老师们用不熟练的中文，在临别时献上了一首《请记住我》，现场一片抽泣声。大巴从学校离开的时候，村里的孩子跟着小跑了一路。有位同学还给我发了一条微信："老师，明年你们还来中国吗？我也想加入你们，帮助更多人！"

2019年的那次中国行，对于我来说很艰难，因为我们来中国的前两天，我摔跤了，伤到了韧带。医生说我不能走、不能站、不能坐，只能躺着，但是我放心不下即将要去中国的这群孩子，他们为了这趟旅行已经准备了三四个月。于是，我带着一张小板凳就上路了。在行程的第二天，我带着伤，陪同学们逛了城隍庙、南京路和外滩，那一天我走了17000多步，每走一步都牵扯着伤处。第三天，我就坐上了轮椅。即便有了轮椅，我一天的步数也有七八千步。在支教期间，我陪着孩子们睡在学生寝室的硬板床上，每一次翻身都牵扯到韧带，奇痛无比，每天上课都是在一个台阶又一个台阶之间艰难地挪步。

毛不易有首歌叫《像我这样的人》，我是"像我这样的老师"，我想通过我的行动教会我的学生们：**什么是责任，什么是坚毅。**

2021年获得美国总统终身成就奖

除了创办mYe，我还是全美浙江总商会青年委员会的首届秘书长。在疫情期间，作为中国留美学生在美国密歇根州的联络人，给确诊新冠肺炎的留学生寄物资。

因为长期从事公益事业，累计时长超过4000个小时（这只是获奖的要求，我从事公益活动的时长远远不止这个数字），在2021年，我获得了美国总统终身成就奖。

一个人做公益不难，但是长期坚持做公益，并且用做终身事业的热忱来做公益，需要坚定的信念和坚持不懈的付出。

2022年至今，担任国内某互联网教育平台COO

现在，我是国内某互联网创业教育平台旗下一个千人团队的首席运营官和IP操盘手，结合20多年的市场营销、教育领域的经验，已帮助2000多名年轻人追寻互联网创业的梦想，打造公域影响力，获得副业收入！

我与团队一起创造了单月GMV（成交总额）超1500万元的业绩，并一次又一次刷新销售纪录。

师，是天下最好的善！

无论是青少年，还是在互联网创业路上的年轻人，助力他们实现自己的目标，是我的使命。

希望我用身上的光，点亮更多人的人生！

友者生存 1：善用贵人杠杆

没有谁的人生会一帆风顺，难免会有困于局中的时候。这种时候，唯有行动才能破局，也唯有破局，才能再次前行，不然就只能被困在当下，举步维艰。

唯有把苦难当成礼物，你才能拿到打开幸福人生的钥匙

■ 刘宝婵

无畏活法创始人
癌症康复者
生命成长实修陪伴导师

"哇，真不敢相信你已经57岁了！"

这几年，我听到最多的就是这句话了。除了我的外表确实看起来比同龄人略显年轻外，主要是因为我呈现出来的生命状态饱满且极其有力量。

当大家知道我其实得过凶险的癌症、经历过失败的婚姻，可如今不但有着美满的婚姻和热爱的事业，还不再恐惧任何事情，活出了自己想要的无畏人生时，就更惊讶了。

那到底是什么在支撑并且引领着我，将人生的苦难都变成了礼物和资源，最终把开启幸福人生的钥匙握在了自己手中呢？

我愿意把我的故事分享给大家，相信一定会给你们带来鼓舞和力量。

经历 4 次人生低谷，都是相信自己的力量将我从深渊拽了出来

从小我就有个特质，那就是凡事都凭直觉选择，也就是很相信自己。后来，通过学习，我才知道，相信自己其实是一种能力，是相信内在的真我智慧的引领。也正是靠着这个能力，我在经历 4 次人生低谷时，都将自己从深渊中拽了出来。

我人生的第一次低谷就是离婚。我的婚姻是父母包办的，23 岁就稀里糊涂地结婚了，勉强维系了 9 年的婚姻关系，最后还是结束了。在拿到离婚证的那一刻，我感觉终于解脱了，同时内心也是极其失落的。但我并没有沉浸在离婚带给我的失落中，而是想起了三岁时我对父亲的承诺，那就是长大以后，我要挣一屋子的钱让他花。

其实在这之前，我并没有任何投资的经验，然而我当时有种直

觉，那就是应该投资房产。事实也正如我所愿，很快我投资房产赚了一些钱。这将我从离婚的低谷中拉了起来。

没想到，很快我就迎来了人生的第二次低谷，我得了恶性程度很高的癌症，切除了子宫、两个卵巢和阑尾。我永远都记得，2015年的那一天，我在手术室昏睡了7个小时。醒来后，我的生活从此陷入了黑暗。那段时间，我被强烈的恐惧笼罩着，周围全是癌症患者，不是切乳房的，就是切子宫、切卵巢的。

就在这个时候，我看到了一篇文章，说有一个癌症晚期的患者，医生都认为他没有治疗的价值了，但他出门玩了一圈，心情好了，癌症也自愈了，结果多活了16年。

虽然看起来违背一般常识，但这篇文章给了当时的我极大的信心。我积极配合治疗，开始学习中医理论，掌握了固本养生的方法，还学习心理学，明白了童年内心的恐惧对身体的伤害，学会了调节自己的情绪。我始终坚信，我是可以把自己治好的，我是有未来的。慢慢地，我的身体状况有了好转。事实证明，这次我靠着相信自己的选择，又做对了，如今我的状态比很多身体健康的年轻人还要好。

经历了两次低谷重生之后，我更加相信自己的力量。

在我生病一年多之后，我选择第二次进入了婚姻。老公非常优秀，是一个企业高管，长得帅气，体贴人，但好景不长，我遇到了人生的第三次低谷，我的婚姻再次出现了问题。

就在我极其沮丧的时候，那股相信自己的力量又出现了，命运安排我和生命实相的课程相遇了，我学习阳明心学、量子纠缠能量学，直觉告诉我，这些课程可以帮到我。

果然再一次如我所愿，通过不断学习内观，我不再把自己作为一个受害者，我允许一切如其所是，我释放、疗愈自己，内心越来越平

静、淡定。随着我的成长，我找回自信，我和老公的婚姻越来越幸福。

之后，我不光自己学习，还和他人一起在农场建了书院，三年累计招生 2000 多人，自己也现身说法。在这期间，我成长了很多。就在我希望把书院建设好，可以帮助更多人的时候，我的人生迎来了第四次低谷：因为疫情，也因为我和他人的理念不同，书院关门了。

这一次，我很快就从低落的情绪中挣脱，再次靠着相信自己的力量，自发组建了一个公益群，带着大家继续实修。从 2022 年 5 月开始，走进自媒体平台，从零开始学习短视频的拍摄、剪辑、运营，我考了心理咨询师、国际心理疗愈认证导师、高级催眠师、金钱关系咨询师等各种证书，我开始打造个人品牌，走上写作、声音美化等一系列学习成长之路。

相信自己，就拥有了一次次从低谷站起来的力量和勇气。

8 年花 50 万元学费，寻师问道专注于深耕当下，收获丰硕果实

狄更斯说过一句话，我很喜欢，那就是"我所收获的，是我种下的。"如今我所拥有的，的确都是我自己种下的。**因为任何事情，只要我认定了，就会特别用心和专注，所以我能收获丰硕的果实。**

我人生的第一份工作是在电信局上班。从普通员工一路升到办公室主任，在这期间，我还荣获了"全国优秀女职工"的称号，并在人民大会堂领奖，这是我人生的高光时刻。而能得到这个殊荣，是因为除了认真对待工作，我还持续利用业余时间写文章，几乎每天都要写一篇，一年在系统行业报纸上发表 300 多篇文章。我的想法很简单，既然选择了这份工作，就要全力以赴。后来我在学习生命实相的相关

课程时，我才明白，其实这就是专注于深耕当下的力量。

我持续用了 8 年的时间，寻师问道，前后花费了至少 50 万元学费。

在这 8 年不断向内探索的路上，我悟出一个道理：其实所有困苦都是为了唤醒我们的灵魂，都是为了告诉我们原有的生活方式错了，我们的方向错了。

通过专注学习和结合生活实际落地实修，我疗愈了童年时因为爷爷奶奶重男轻女而导致的自己对女性身份的不认可、不自信的创伤，我释放了积压的负面情绪，学会了爱自己，活出了健康、幸福、心想事成的无畏人生。

用 1 条短视频涨粉 1.2 万，唯有立刻行动，方可破局

没有谁的人生会一帆风顺，难免会有困于局中的时候。这种时候，唯有行动才能破局，也唯有破局，才能再次前行，不然就只能被困在当下，举步维艰。

我是一个行动力很强的人，只要相信，就会立刻行动。

在进入自媒体领域以后，我开始学习写作和拍摄短视频。和很多初学者一样，我内心也是有很多担忧的，我 57 岁了，还能行吗？最后我还是选择了行动。

我是从 2022 年 5 月开始学习短视频制作的，当年 8 月，我拍了一条短视频《为什么得癌症后，我身体恢复得这么好》，播放量达到 87.7 万次，涨粉 1.2 万。

后来，我遇到个人品牌导师孔蓓老师，她也是一个行动力特别强的人。在她的帮助下，我将 8 年寻师问道的经验总结成一套"无畏活

法"的心法,我被一股无形的力量不断推着往前走,我迭代了自己的免费群,开了公益收费实修营,还研发了私教服务。

迄今为止,我已经帮助近1000名学员实现生命觉醒,活出无畏人生。

这一切都得益于我是一个有行动力的人。

"无畏活法"让我把所有苦难都当成了礼物

有一句话是这样说的:"是什么曾拯救你,你就会想要用它来拯救这个世界。"我就是这样想的。

一个失眠将近20年的学员,跟我学习一个多月后,就能安然入睡了,而且还有了保持开心快乐的能力;一个自卑的学员,通过三个月的学习,可以从容地主持有100人参加的会议了。

太多这样的案例了,学员们的学习热情和改变温暖着我,也激励着我。为此,我发誓,要帮助100万人走出生活困境,我相信未来一定能实现!

我坚信,当一个人有了使命感之后,整个宇宙都会来帮他。

我特别感激孔蓓老师,因为她,我有了"无畏活法"的个人品牌,并且将推广"无畏活法"作为我后半生的使命,也因为她,我把自己的目标从影响1000人调整为影响100万人活出无畏人生。

再回首,我特别感谢自己一路遇到的苦难,因为我经由这些苦难,拿到了生命的礼物。我活出了心想事成的无畏人生,我领悟到了自己想要的一切其实都在心里,而不是在外面的世界里。

"无畏活法",底层逻辑其实就是带你结合生活实修,陪你将所有的苦难都变成礼物,让自己活出无惧、无忧、无烦恼的笃定、淡然、无畏的人生，让你像我一样，能将开启幸福人生的钥匙握在自己的手中。

往后余生，我一定要将这套"无畏活法"的理念分享给更多的人，同时，也祝愿你能早日拿到开启自己幸福人生大门的钥匙。

> 强关系能给你过去,但弱关系能给你未来。

友者生存1:善用贵人杠杆

弱关系让我赚到了人生的第一个一千万

■ 曾明

清华大学前培训项目主任

至善书院副院长

教育 IP 战略顾问

弱关系，带来可能性。

——王通讯

在很多年前的一场人才交流会上，著名人才学家、中国人才学重要创始人王通讯老师说："强关系带来信任，弱关系创造可能性。"在岁月长河中，我发现人生中的宝藏大多来源于弱关系。

让自己"躺赢"三年的业务

2011年10月，我休完产假回清华大学后，负责的第一个项目就是广东省交通厅的培训。当时，这批学员在清华大学集中培训7天。结束时，有个学员跑来感谢我，还说要将我推荐给他的夫人，因为他夫人的单位也想组织培训，我当时也就听听，没太在意。谁知道第二年，广州海关负责培训的某个领导（这个领导是那位学员的夫人的上级）主动跟我联系，从此我的业务在全国海关系统全面开花，我连续三年都能轻松完成业绩。

人生的第一个一千万

2015年，因为家人的工厂破产，我被迫负债50多万元（我那时候在清华大学工作，贷款容易、额度高、利率低，所以一直以我的名义贷款经营工厂）。这对于年收入十几万元，又刚背上房贷的我来说，无异于晴天霹雳，我只能想办法创收还债。

当时开源有两条路：一是看能不能利用清华大学的平台赚外快，二是在我熟悉的互联网领域找机会。最后，我选择了和本职工作完全不相关的互联网领域，当时我并不知道怎么做才能赚钱，只是确定了这个方向后，我加入了很多与互联网赚钱相关的社群。神奇的是，我因此遇到了一个人，他带我开始了互联网的另类创业，让我在不到两年的时间里，利用业余时间赚到了人生的第一个一千万。

客户从哪里来？

2020 年，我开始在互联网上创业，做自己的课程。打开长长的学员名单，我发现，我与 95％ 付费的人都是在创业后认识的，都是由弱关系转化而来的。

什么是弱关系？

牛津大学教授罗宾·邓巴的研究表明，人的大脑新皮层大小有限，认知能力只够维持最多与 150 人的经常性交往，这叫"邓巴数字"或"150 定律"。这个定律决定了你的强关系上限就是 150 人，此外都是弱关系。

强关系能给你过去，但弱关系能给你未来。**在这个时代，谁最善于经营弱关系，谁就能接触到更多的人，掌握更多的信息，调动更多的资源，创造更多的可能性。**

弱关系如此重要，那如何经营自己的弱关系网络？

多进不同的圈子

在清华大学工作的时候，我会经常参加清华校友组织的各种活动。当年，我的很多业务都来自在这些活动中无意认识的某个人，所以，我有更多机会建立弱关系，多接触不同的圈子，努力让自己的信息流动起来、散播开去。

现在，互联网最大的好处就是让我们足不出户，就能最低成本地

"破圈"。你知道，以前"破圈"要付出多少吗？

给我印象很深的一件事是当年我们举办总裁班，周末上两天课的那种，每到周五，就有很多企业老板从全国各地赶来北京（经常半夜到），周六周日上两天课，周日晚上又马不停蹄地回去。我那时挺纳闷，清华大学的总裁班学费不便宜（几万到几十万元不等），每次上课都这么奔波劳碌，为什么还有那么多人来？有次和领导聊天，说起这事，领导反问我："你以为他们只是为了来上课吗？做生意最重要的是什么？人脉和机会！"厉害的老师、优秀的同学、高质量的圈子，碰撞在一起，会有多少可能性？

没想到，我创业后，不自觉地复制了这种模式，每年都会花钱进热爱学习的圈子，这些圈子给我带来新认知、带来合作伙伴、带来客户，这些都是弱关系创造的。比如，我开始学习写作，就进了湖南老乡覃杰搭建的"007写作圈"；我喜欢传统文化，就进了中国著名战略专家姜博士的"良知学友圈"；想写书，就报名上了秋叶大叔的写书私房课，认识了一群素人作者……我一边花钱定投圈子，一边主动经营自己可以主导的圈子：创办关于读书的组织，共读经典；聚集了一批想要成长的人；整合了政府、企业和公益等资源；聚集了大批中小企业老板/创业者。

保持进圈的姿势，增加可能性，持续经营圈子，为他人提供方便，因为成就你的、给你创造可能性的，往往是弱关系，而这些需要你有意识地进入拥有高质量人脉的圈子。

与智者为伍，与高手同行，进入圈子，一切皆有可能。

多创造机会，让别人了解你

有一个故事我过目不忘，说的是拼多多黄峥的发家史。他在美国读硕士的时候，某天晚上在逛一个技术论坛时，收到一条信息，有个人向他咨询某个技术问题，他们就联系上了。后来，这个人把他介绍给段永平。再往后，就是段永平投资了拼多多，而黄峥在论坛无意中认识的那个人，就是网易的丁磊。这是靠弱关系创造的奇迹。我当时很好奇，为什么黄峥能有此奇遇？我思考之后，得出一个结论：无论如何，你要创造机会，让别人多了解你。如果当时黄峥不在论坛分享技术观点，又怎么能吸引到像丁磊这样的人的关注呢？又怎么会有后面那一连串的奇遇呢？

入圈是第一步。入圈之后，你要学会表达自己，做能让更多人了解你的事。想做成事的人都会想尽办法让别人多了解自己，多了解自己的产品，因为酒香也怕巷子深。

做一个别人愿意帮你的人

我在清华大学工作的时候，有一个合作伙伴，别人靠 100 多人的销售团队干出的业绩，他一人带着一个助理就能完成，而且还能让当地叫得上号的大老板心甘情愿地把整个团队送到他手上，让他带领。我就很好奇，问他有什么秘诀。他说的一句话让我以为他是在忽悠我，但后来验证了是真理。他说："曾老师啊，你知道我什么都没有。什么都没有的时候，我就靠真诚和勤奋打动人。"跟他深度合作的那两年，我在潜移默化中受了他的影响。

我有个习惯，如果别人帮了我，我事后都喜欢问他为什么会帮我？

比如，那个当年给我介绍海关系统业务的学员，他在清华大学学习的时候，我连他的名字都没记住，他却三番五次地向人推荐我。我后来问他，为什么如此帮我，他对我说："你很负责任，刚生完孩子，明明可以提前下班，但总是陪我们到最后，尽心尽力的，我觉得向他们推荐你，我很放心。"

比如，那个在互联网萍水相逢，却带我入行，让我因此赚到人生第一个一千万的贵人，我问他为什么会告诉我他这些秘不外传的商机，他说："你每天都花三四个小时陪我聊天，经常聊到深更半夜。这种坚持，让我想起曾经的自己。"（那时，我没钱，向他请教问题只能凭"脸皮厚"。）

别人愿意帮你，往往是因为你的一腔孤勇打动过他。 那些能给你提供大支持、大机遇的弱关系，往往有大能量。有大能量的人，见惯了人情世故，所以别在他们面前玩套路。他们曾经付出过比常人更多的努力、做出过更多的牺牲，所以他们会被你的积极勤奋打动。他们哪是在帮你，他们帮的是曾经的自己。

这可能也是但行努力、莫问前程的意义所在吧。你坚持不懈地走在路上，走着走着，就会吸引到那个可能改变你命运的人，所以努力做个让别人愿意帮你的人吧。

总结一下，弱关系创造可能性，要想有更多机会，有三条法则可以搭建弱关系经营网络：**一，多进不同的圈子，拓展弱关系经营网；二，多创造机会，让别人了解你，激活弱关系网络；三，做一个让别人愿意帮你的人，真诚加勤奋是打动人的不二法门。**

有个创业者问我："曾老师，现在经营环境不好，用同样的方法，原来年营收有几百万元，而现在只有十分之一，这个时候要怎么转型？"

我当时是这么回答的："2008年金融危机时，我在清华大学工作，做政府和企业培训，市场一片萧条，人心惶惶，我们业务也受到极大的影响。那时候，我领导开会说：'困难、困难，困在家里就难；

出路、出路，走出去就有路。'结果令人出乎意料，我们那年业绩增长了50%，因为我们上下一心，集思广益，积极想解决办法，因为我们主动走到各地市去调研，了解市场的真实情况，有针对性地为客户解决问题。"

困住我们的不是事情本身，而是思维的牢笼，只要思路打开，一切都有可能。当销售遇阻时，能不能把眼光放在人身上，让员工、合作伙伴参与进来，想办法解决问题？能不能组建一个智囊团，出谋划策？

我的这个回答，其实就是跳出事情本身，看到人的价值。这样做也许能启动某个弱关系，机会就藏在弱关系里。

> 做有目标的长期主义者,坚定地行走在热爱和自我实现的路上,所有的积累终会迎来爆发的那一刻。

人生价值,行深致远

■ 陈牧心

牧心丹品创始人
独立投资人
新品牌战略顾问

我的人生价值定位是一个先发散再收敛的过程，产品经理、运营总监、投资人、咨询顾问都曾是我过往的身份，如今，我正身体力行地以设计师的身份带着一群朋友前行，从事着品牌定位设计与商业设计实现的工作。我常把人生价值定位的过程比作拼图，或许，你可以听听我的人生拼图的故事。

人生像一块拼图，每一个选择就像一个拼片，人的每一步都是在不断尝试中前进或后退，在行为中不断反馈修正，理清各个拼片的关系，逐渐地将拼片归位，呈现出一幅完整的拼图。都说三十而立，我在完成了基本的财富积累后，无数次问自己，三十而立到底立的是什么？我想应该是长期人生价值，因为它关乎自我实现，关乎为他人创造价值。我一步一步地探索，在30多岁的年纪，我的人生拼图才终于变得清晰。

想当初，从通信行业跨行到消费领域，学形象设计、开连锁形象馆、做自品牌，看似毫不相关的跨行行为，其实是我追随兴趣以及自我探索后的主动选择，它源于我从小对美的热爱，对设计的嗅觉及敏感，看山川河流是大美，看草木生长亦有小美，我有一双善于发现美的眼睛。小时候，我甚至不知道服装设计师可以成为一种职业选择，我只知道小镇上所有的服装店都满足不了我的需求，我便自己买来衣服，动手改造后再穿。回头想来，其实选择和实践是我们小时候就会的事情。尽管爱美这种行为不被大人鼓励，但我坚信我没有问题，我相信我善于发现美、创造美，有设计和创新的意识，这让我感到自信。工作几年后，小时候的那颗种子发芽了，从满足自我审美的需要，去学习色彩搭配、形象设计，到帮助他人发掘个人特质、帮其变美的行动，促使我加入美业，开形象设计馆从一家、两家开始，一度开到了五家。那种去发掘他人独特的美、让别人变美变自信的行动让

友者生存 1：善用贵人杠杆

我找到了做事情的价值标准，比起宏大叙事，我更在意每一个交互个体的幸福感，因为我欣赏每一个人的独特美丽和价值。我的客户往往不知道或者潜意识中发展自我的意识被不友好的外部环境打压了，导致客户不自信，乱急求医，甚至急切地去整形。作为一名形象设计师，我的价值在于发掘客户独特的风格，去放大他们的美，通过造型去增强他们的信心和自我价值认同感。我有几个品牌，"SOLASIDO"主要做快时尚饰品，"斓宝儿"做的是中式高端珠宝，"白与斓衫"做的是新中式简约女装，而"颂乐喜朵"做新中式浪漫风格女装，"丽可赞"则选择在一众化妆品品牌中做差异化的轻量护肤品。每一个品牌定位不同，产品设计和展现风格不同，自然受众也不同，但每一个品牌的产品在我的形象馆内卖得都不错。你看，美怎么可能是大众一致的呢？美是独特的。**开形象馆、做形象设计师拼好了我的第一个人生拼片，** 我的设计对象是一个个鲜活的个体，发现他们独特的美，帮他们发现美、建立信心、打造品牌，让我非常有价值感，这符合我的人生理想，那便是做自己热爱的且能够为他人带来价值的事业。

我研究生读的是工程管理专业，这源于自己之前做项目管理的从业经历。当时因为没有读第二个应用心理学学位，还略有遗憾，因为我想解决自己在人生选择上面临的很多困惑，但也没有关系，因为这颗种子在这个阶段种下了，日后会发芽、会生长。当时我读了很多商业的书、哲学的书、心理学的书，在没有一个明确方向的时候，我尝试从不同的学科中寻找答案。事实上，我在这个阶段养成了跨学科思考的能力，我的底层逻辑思维也是在这几年的工作实践中形成的。外部环境、事件是不断发展变化的，但那只是表象，如果你的底层逻辑思维稳固，这些表面的信息并不能迷惑你、左右你。当初我以形象设计师的身份进入形象设计这个领域，入股并且培育、发展了自己的事业，认识了很多客户以及同行。当由于疫情完全关停线下业务后，我与客户只能通过线上沟通，我每天都在思考怎么办。我的客户形象提升了之后，一般他们的信心也会有所提升，自我探索的触角就会伸出来。疫情期间，在线上他们会进一步跟我交流一些关于发展、困惑之类的问题，我从小就有一个特质，即有很强的共情能力和同理心，我极少挑剔或批判他人，加之之前对心理学有涉猎，会客观地分析问题并往往能给别人一些不错的建议。我又重新学习了心理学的一系列课程，拿到中国科学院的心理学培训认证，并进修了斯坦福大学的设计人生课程。形象设计只是外在的改变和提升，这往往是一个短期的需求，而个人对于价值选择、个人发展方面的咨询需求是长期的，我个人内心也希望能在更高、更广的维度去发挥自己的设计价值，**至此，我找到了我个人新的价值点，我的第二个人生拼片也归位了，那便是运用所学知识，运用我的咨询经验给予他人人生选择、价值选择的咨询支持**。我多了一个人生发展设计师的身份。

我的人生拼片还有一个，就是我前面提及的商业领域的兴趣和发展。我读研的时候就参与了很多创业实践。研究生毕业后，我放弃其他就业选择，而直接与别人合伙创业，是因为在商业运营、品牌运营方面，我都有一些实践，并且出于对商业的热情，在创业的同时，也关注很多其他商业项目的发展。我前前后后一共投资过 5 个项目，涉及无人零售、服装珠宝、App 开发、数字资产等几个领域，其中有两个项目目前做得还不错，一个已获利退出。我在参与投资的项目时，同时参与产品设计并提供咨询服务，咨询是面向创始人，辅助创始人决策。我深知创业者因为身兼数职，既要到台前做品牌宣讲，又要到台后跟进产品，还要负责组织管理，有的时候干扰项多了，难免会抉择困难。这个时候，我的商业设计和运营思维以及比较严密的底层逻辑就发挥了作用，稳定性和共情力也产生了价值，我将自己定义为项目的三号位，是一个坚实的后盾，是一块基石，为他人的项目发展和价值实现提供策略和支持。**至此，我的第三个人生拼片也归位了：做一名商业设计师，运用商业设计思维和运营方法帮助创始人破局、跨界、做品牌传播。**

在热情的引导下，经过不设限的尝试和实践，先发散，再收敛、聚焦，我成长为今天的我，一名商业设计师。我非常清楚自己的价值锚点，作为一名设计师，从人生价值选择到品牌定位再到商业设计实现，充分发挥自己的系统价值。几个设计关系是层层递进、相辅相成的，因为只有我们有一个明确的人生价值观以及人生发展方向时，我们才能全面地思考要成立一个什么样的品牌，有了品牌，我们才能去设计它的商业实现路径，这考验的是整体的设计思维和运营能力。

我始终相信，每个人的人生价值和自我实现愿望是现实能遮蔽，但不能磨灭的，无论你是20、30岁，还是40岁，哪怕退休了，个人价值追求的声音终将跳出来质问你！在品牌、IP、超级个体绽放的时代，每个人都不可避免地要思考自我价值定位，"我将如何发挥独特的个人价值，去为他人创造价值？如何给自己的人生做定位？如何给自己的品牌做定位？如何做商业落地和变现？"我也观察到很多人不敢向自己发问，我猜到他们一定是在恐惧什么。一个人不敢去触碰自己源自本心的热爱和价值追求，有很多回避和畏难情绪，是因为缺少顶层设计、缺少实践，大多数活动都在头脑里。只要顶层设计好，做好价值定位，就能用精益创业的方法去实现设计，而我在自我价值发现以及帮他人做价值设计的探索和实践中，总结了方法和心得，并通过"牧心思考录""牧心丹品"等自媒体号输出了与品牌规划相关的思考以及合作品牌主创人员的访谈和分享。我很认同李海峰老师的

"友者生存"理念，众行，有爱、有支持、有托举，可行深致远。**孤独的人终将回到人群中，在人群中闪耀，发挥价值。**

当年明月曾在书中说过，成功只有一种，就是按照自己喜欢的方式过一生。有人追求楼宇之巅，有人追求山川溪流，别只顾低头赶路，不要让城市的钢筋水泥禁锢了我们自由的心，做有目标的长期主义者，坚定地行走在热爱和自我实现的路上，所有的积累终会迎来爆发的那一刻。

友者生存1：善用贵人杠杆

> 我将带着我的学生，一起探索原版图书阅读的魅力。原版图书阅读是我的热爱，也是我和学生们共享的学习旅程。

一名大专生，经过摸爬滚打，成为优秀的英语老师

■ 陈文辉

四国语言（中文、英文、泰语、日语）使用者
优习阅读英语品牌创始人

零基础差生

我上大专时,未拿到毕业证,掌握的技能几乎为零。后去新东方实用英语学院从零基础学英语,因听不懂老师讲的内容,上课时,我只能睡觉,等我醒来,满桌子都是口水。

英语入门:新概念第二册

那年秋天,河北廊坊,俞敏洪、王强、徐小平等大咖到新东方实用英语学院演讲。俞敏洪分享了一个同学背《新概念英语》第二册的故事,让我意识到学习方法的重要性。新东方实用英语学院的学费昂贵,我选择退学自学。通过制定艾宾浩斯遗忘曲线计划,每天背诵三篇,一个月内完成。那时,我每天中午12点起床,通常会背到凌晨2到3点才去睡觉,最后,我用了一个月的时间把《新概念英语》第二册背完了。这形成了我最初的英语思维,那时任何一句中文,我都能直接转换成英语。为了更好地学习,我搬去了湖南大学附近。

学英语5个月后,我成了英语老师

5个月前,我还在新东方实用英语学院零基础预备班学习;如今,我完成了从学生到老师的蜕变——我的房东介绍了一位五年级的小男孩给我教。

于是,白天我都在背《新概念英语》第三册,晚上便去做家教。一个月后,这个小男孩的妈妈帮我介绍了新学生。从那时起,我的学生数量开始增长，但我记得：不忘初心，方得始终。**每当我感到疲惫或困倦时，我就想起那些日子的努力和付出，它们一直是我前进的动力。**

"麻袋梦想"

我渴望去新东方，那里的薪水让人心生向往。俞老师说过，新东方的老师，薪水是用麻袋装的。我也想要一个麻袋。

经过5个月，我背完了《新概念英语》第三册。从我上新东方的零基础班到现在，过去了10个月。我心想，虽然我不确定自己是否有资格成为新东方的一名老师，但我相信在少儿英语这个领域，我会有一席之地。我给我的新东方实用英语学院的老师发了信息，她很快就回复了我，并给了我一个招聘老师的电话号码。我拨通了电话，她询问了我很多问题，最后我即兴背诵了一段《新概念英语》第二册里的内容。这个老师非常惊讶，她质疑我旁边是否有书，我坚定地告诉她没有，因为我的脑子里有一幅幅完整的画面，压根就不需要书。她被我说服了，告诉我如果我真的能从新东方实用英语学院师资班毕业，我就有可能成为新东方的老师。最终，我顺利进入了少儿师资班。在那毕业时，我收到了来自北京新东方、太原新东方和深圳新东方的录取通知。我心想，我终于可以用麻袋装工资了。在反复权衡之后，我选择了深圳新东方。

消失的"麻袋"

在新东方深圳分部，我未看到"麻袋"。作为少儿英语老师，地位低下，课时费微薄，须按时坐班，处理琐事。我们辛勤工作，却缺乏关照与丰厚的报酬。集团内部压力大，少儿老师生存状况堪忧。曾有同事跳楼身亡，留下了年仅2岁的孩子和悲痛的丈夫。这件事情让我感到痛苦。

看不懂的雅思考试

我不断向上爬，后来进入中学优能部。然而，这里也并非像我想象中的那样美好。于是，我决定考雅思，进入出国留学部。然而，当我准备雅思考试时，我才发现我完全看不懂雅思的真题试卷。在雅思班，老师并未教授如何记忆单词。我购买了词汇书，发现自己根本无法记住这些单词，常常背到一半就失去了信心，甚至在背诵的过程中哭泣。这样的状态持续了一个月，我仍然没有找到应对的方法。

我与《百年孤独》

备考雅思，每天沉浸于学习，但收效甚微。我与外教老师闲聊时，他提到了阅读，于是我果断退出了雅思班，开始阅读《百年孤独》。在星巴克，我一边阅读，一边享受咖啡和这本精彩的书。遇到不认识的单词时，我会轻轻一点，查看翻译。每天的阅读让我对这些单词越来越熟悉，阅读也变得更加流畅。第二个月快要结束的时候，我再次打开雅思真题，那些之前不认识的单词，已不再困扰我。我决定自己继续练习，老师讲的都是技巧，但我认为英文要学好，要背诵和阅读原版书籍才行。

剑桥雅思 8 真题精读

我决心自学雅思真题，但理解能力有限，错题很多。我有点沮丧，我意识到雅思的关键词汇隐藏在文章中，只要精通一本雅思真题集，其他也能融会贯通。于是，我再次踏上精读之路，每天早晨阅读剑桥雅思 8 真题的翻译版，再去星巴克抄写英文原文，遇到不认识的单词就查，并手工整理生词。背诵生词后，我再次阅读文章，除了复杂的语法结构外，基本能理解阅读文章的意思，做题也更加得心应手了。

一位没有参加过雅思考试的雅思老师

过了三个月后，我的英语水平又提升了，所以，我转投国际留学部，凭借着我的教学经验和激情，成功通过了面试。在面试中，我充分展示了我的教学实力和学生们对我的喜爱，但并未提及我曾经教授少儿英语的经历。因为在我心中，那是我英语水平不够而被迫选择的结果。面试过后，HR 给我一份雅思真题进行测试。由于这些文章我之前都见过，因此我顺利通过了这次测试。接着是试讲环节，我遇到了一位英语专业出身的老师。我向他讲述了我如何背诵《新概念英语》第二册和第三册以及如何帮助雅思预备班的学生去记住雅思词汇。虽然我只准备了三个月，但这位老师对我的表现非常满意。在我还没有参加第一次雅思考试的情况下，我就开始教授雅思课程了。

我不配

不过，后来我在留学部干了不到半年就选择了离职。我的同事都是"海龟"和国内名校英语专业的毕业生，我混迹其中，总觉得自己不够格。雅思考试一直没时间去考，HR那边催交的资料也迟迟无法上交，我心里不安。进入这个圈子后，我并没有和很多人打过交道，总是觉得自己与这个圈子格格不入。给学生上课时，我总是担心会被学生看出来是个水货。那些学生家庭条件优越，每个寒暑假都会被送到国外，每周上高尔夫球课程，上下课都有司机接送……这些都让我觉得我是个局外人。果然，我被投诉了。这在深圳新东方是从来没有发生过的事情。在这个圈子里，我的"海龟"同事们和背景强大的学生们让我一直有"我不配"的感觉。现在想来，其实都是自己给自己找麻烦，是自己把自己挤出了这个圈子。离开时，我拿走了几本雅思真题集。那一刻，我感到如释重负，终于离开了这个我无法融入的地方。之后，我全心全意准备雅思考试，虽然考了2次，但是最终我拿到了雅思总分8分的成绩。我很满意，这次我有了一种配得感。

带上我的狗浪迹天涯

后来，我成了一名线上雅思教师。学生们面对生疏的词汇和语法发愁时，我把我在星巴克摸索出的一套学习雅思词汇的独特方法教给他们。经过实践和检验，我发现这种方法非常实用，大家都取得了不错的成绩。在日本旅居时，我通过语音-阅读-词汇的方式，成功掌握了日语。然而，签证期限将至，我不得不离开日本。从日本京都回来后，我和我的小狗 Aug 一同前往上海、苏州、大理、昆明旅游。我们体验了形形色色的生活方式，寻找属于我们的归宿。在素方舟停留期间，我们获得了有机素食的滋养，但那里的人文环境却让我失望，这不是我向往的归宿。于是，我重新踏上了旅程。现在，我在泰国曼谷旅居，我专注于学习泰语，发现学习泰语并不像想象中那么困难。或许有一天，我会厌倦泰国，那时我会带着 Aug 前往南美，去那里寻找新的生活方式。无论未来的路怎么走，我知道我和 Aug 都将继续在路上，继续流浪之旅。

不能说的秘密

我如今在网上教中学英语，但内心的包袱，让我始终不敢向学生坦白自己的过去。我曾是一名大专生，没有拿到毕业证书。在零基础英语班上，我努力学习，却未能达到期望。这个秘密像一块石头压在我的心头，成为我内心深处的一道坎。**我始终无法释怀，我是个文化水平不高的人，我没有文凭，但我的亲和力与专业能力，让我赢得了学生和家长的喜爱与信任。**我选择教中学英语，更多的原因是英语考试是刚需，然而，我对应试类的英语考试并不是十分喜欢，只是因为这能为我带来巨大的经济收益，我才做这行。

我来牵你的手，你愿意吗？

2023 年 5—8 月，我遣散了 102 名线上中学生，开始专注于启蒙类英语。**我迈出了全新的步伐，倾注了所有的热情和专注。**如今，第一批学生已经与我共同度过了 6 个月的美好时光。他们从零开始，现在已经能够朗读《牛津阅读树》的前 30 本绘本和阅读含 260 个以上高频词的句子了,每一个孩子都能认读故事和句子,这使我心中感到喜悦与满足。我的雅思词汇精讲课程也正在如火如荼地录制。当学生们听过我的精讲课后,背诵雅思词汇变得轻而易举。我坚信,语音、句子与原版图书阅读是语言学习的最佳路径。无论外界如何变化,我都将坚守自己的信念。我将带着我的学生,一起探索原版图书阅读的魅力。原版图书阅读是我的热爱,也是我和学生们共享的学习旅程。如果下一次,有学生再来找我学英语,我会热情地打招呼:"你好,我是一名大专生,我的毕业证书没有拿到,我是非英语专业出身的英语老师,你愿意跟着我,一起通过阅读原版图书来学习英语吗?我会牵着你的手,一起领略原版英语、原版日语和原版泰语图书的魅力。"

在不断打磨育儿心法和技法的过程中，我自己也是成长的受益者，我希望能帮助更多的家长和孩子，帮助每个家庭总结属于自己的亲子成长秘诀。

用教育点亮全世界

■ 陈雅静

上海市包玉刚实验学校前教员

双胞胎母亲，拥有十年教育育儿实战经验

高级家庭教育指导师

心理咨询师

情感咨询师

我是陈雅静，曾用名是陈霞。关于名字的释义，陈霞是父母起的，母亲说生我那天，漫天晚霞，绝美，所以给我取名为"霞"。陈雅静是爷爷起的，爷爷是老一辈的教育者，他说雅静是个美好的祝福，亦是教育传承的寄托，若日后我持续做教育，那就以后再叫陈雅静。我现在是愿航教育的创始人，教育成为我为之奋斗终生的事业，所以，我可以很开心地告慰爷爷的在天之灵，教育者陈雅静来啦！

我1991年出生在湖南衡阳，那是全国唯一一座抗战纪念城，那座城也是一个崇文重教的好地方。衡阳有"楚学第一郡"的美誉，也是中国古代书院文化的发源地之一。我成长的地方东洲岛，洋溢着诗意的烟雨气息，到处点缀着古寺和书院。我是在一个崇尚教育的家庭里长大的。

我和教育结下不解之缘

我从小喜欢跟着爷爷学写字。爷爷是语文教师，写得一手好字，经常有邻里来请他帮忙写字。我跟在爷爷身边，一边看他如何运笔，一边学着提笔写下一个个字。因为这些年少时光，我渐渐爱上了文字，并与教育结下了不解之缘。高中毕业那年，我参加了一个志愿支教活动，前往一个偏远的山区小学支教。

我至今难忘进村的那一幕——蜿蜒崎岖的山路，简陋破旧的校舍，还有孩子们眼中闪烁的对知识的渴望。在那一刹那，我豁然开朗，原来教育的光和热可以渗透到最隐秘的角落。我知道自己应该做些什么了，于是放弃了对文学的向往，毅然选择了当时相对冷门的英语专业。大学毕业后，我如愿以偿地成为一名英语老师，开始了我的教育生涯。

友者生存 1：善用贵人杠杆

我的第一站是湖南省正源学校，一所在当年采用了较为先进的国际合作教学理念——"4+2教学模式"的寄宿制学校。三年和孩子们的朝夕相处，让我更深刻地理解了生活即教育的真谛。我明白了"学校无小事，处处皆教学"，领悟了"教师无小节，处处皆教研"以及教育的本质是培养孩子的学习能力、思辨能力以及解决问题的能力！我开始践行自己的理念。

在任教4—6年级期间，我使用《新概念英语》作为主教材，全英文授课，家校满意度高达99%。我曾组织学生参加"新概念英语对抗赛"，荣获六年级团体奖，指导学生获得个人最佳口语风采奖。我还受邀参加"青年教师教学比武大赛"，荣获小学组英语教师教学一等奖。

上海，让一个"90后"女孩感到成长阵痛

人生总有很多意外和惊喜，计划总赶不上变化。在正源学校教书期间，我和我的先生（也是我的高中同桌）相恋了。当年，他在北京读研，我俩属于异地恋。毕业后，他得到一个在上海工作的机会。借此机会，他向我求婚了，希望我能和他一起去上海奋斗，并携手走进婚姻的殿堂。

思考良久，正逢当时我带的孩子们小学毕业了，因此我答应了先生的求婚，放弃了在湖南积累的一切，远离了熟悉又亲切的家乡和家人，从1到0，去到上海，一切重新开始。

初到上海时，我确实遭遇了诸多挑战，那段时间是我人生的至暗时刻！本来在湖南工作小有起色，有相对熟悉的工作圈，亲人朋友都在身边……突然切换到完全陌生的环境，没有工作，没有亲人，没有

朋友，蜗居在上海50平方米的出租房内，我开始第一次怀疑人生！也由那个张弛有度、自信坚韧的阳光女孩，渐渐变得害怕社交，谨慎怯懦。

后来，由于高压和疲惫，我不慎将膝盖的半月板撕裂了，在医院做了半月板切除手术。术后出院，由于麻药的缘故，身体部分器官的功能没有恢复，一度与死神擦肩而过……在康复期间，右腿不能动弹的那三个月里，我和奶奶甚至怀疑我将从此落下终身残疾。无助地躺在病床上、独自看着天花板的我不断问自己：我就这样被生活打败了吗？

不！

虽然当时的我一无所有，但幸好骨子里的韧劲还在：霸得蛮，耐得烦，吃得苦，肯坚持！事实证明：悲观者往往正确，但乐观者往往成功。命运有时就是如此神奇，它带领我步入了上海市包玉刚实验学校——被誉为"上海最难进的学府""藤校收割机""中国伊顿公学"，更荣登2021年胡润百学中国国际学校的榜首。能够被这所极负盛名的学校聘任，对我而言是一次难得且极其珍贵的机遇。

在该校任教期间，我的国际视野得到了广泛的拓展。我深入思考品格教育和思维创新，与外籍教师并肩合作的日子更是磨砺了我的思辨能力。与国内的顶尖教育者一同策划学校的多彩活动，不仅锻炼了我的全局观，还让我积累了宝贵的经验。我策划组织了该校重大的公开社会活动，外联上海市教育体系相关单位，落地推动活动实施与宣传；承办了由上海市教育电视台主办的"环保创意绘画"活动，我校荣获"优秀组织奖"；参与制作了由上海耳朵儿童剧团和我校联合出品的大型原创中英文音乐剧《胡萝卜》，负责舞台剧台前幕后的组织串联，该剧于2018年5月在上海白玉兰剧场公演，连续两日座无虚席，得到地方媒体的主动报道，好评不断。

双星降临，孕育未来，与挑战同行

就在我投入学校工作、对教育事业充满热忱时，家人们的"催生圣旨"降临。

作为一名职业教师，怀孕意味着我需要暂停工作。不承想我怀了双胞胎，复杂性又加倍。事业和家庭，我该如何选择？然而，新生命已经悄然成形，身为一个准妈妈，我明白自己肩负的责任。经过深思熟虑，我决定回到家乡待产，先把小生命安全生下来再说，真正的挑战在分娩的那一刻来临了。

我之前在上海全麻做过手术，但此时麻药在我身体内不起作用了，所以医生说只能试着上麻药，进行剖宫产。虽然是局部麻醉，但最恐怖的事情还是发生了，手术中途，我醒了，我能清晰地感受到手术刀切开腹部的每一丝疼痛！神知道当时的我是多么不想留存在世间多一秒钟，仿佛再多一秒，我就会疼死过去。在我极度的疼痛中，麻醉师在保全我活着的情况下，直接让我吸入和静脉硬推注射了双倍的麻药。

产后，我再度和死神面对面，危险状况持续了 12 个小时。医生嘱咐我家人，在这 12 个小时内，我会进入轻微昏迷状态，但是不能让我睡着，因为随时有不确定因素导致大出血或者由于麻药剂量的问题而睡过去，至此长眠。就是在那种极度疲惫的状态下，我每一次稍微闭眼，都会被家人唤醒，整整持续了 12 个小时，这亦是一种难以承受的苦难。谢谢家人们的轮流照顾，万幸，我还活着！觉醒之路就此铺开……

育儿的宝贵经验，让我再次启航

看到孩子平安降生，这一刻，我忽然觉得前尘的种种艰辛都变得可以忽略。我轻吻着两个孩子的额头，发誓要给他们所有的爱与守护，也为我后期创办愿航教育播下了爱的种子："一切为了孩子，为了孩子的一切！"

为了成为一个称职的母亲，我不断学习各种育儿知识。我报名参加了许多育儿讲座，阅读大量育儿书籍，从怎样帮助孩子建立良好的生活习惯，到如何促进孩子身心发展，我都研究得很仔细，并且认真实践。结合自己这些年的教育实践，我构建了 ACAJ（爱城爱家）课程体系。

ACAJ 的名字释义：

- AC（爱城）：爱一座城，那座城叫中国。
- AJ（爱家）：爱一家人，那家人叫中国人。

家是最小国，国是千万家。一城一池皆国土，国有城池千千万。我愿意奉献终身，致力于培养具有家国情怀的终身学习者。如果说教育的终点是终身教育，那么教育的起点就是全人类教育。

我的初心渐渐成形：火力全开，助力家校共育，最终促进我们的孩子成长和下一代的教育发展。

目前，家校共育最大的痛点就是部分家长觉得："我们都把孩子送进学校，将孩子交给专业老师教育了，但学校和老师们依旧在育儿上对我们寄予如此大的期待。我们家长也忙碌奔波，没时间，没精力，况且我们也不会教。如果我们家长都会教了，还要学校和老师干吗呢？"但老师们的处境是：孩子每天在学校有各种活动，任何一个

友者生存1：善用贵人杠杆

老师都没办法在全天候在岗的同时，还单独守着某一个孩子。能够和孩子了解最深、接触时间最长的就是孩子的父母，所以，在很多情况下，孩子的情绪疏导以及行为习惯的引导，包括品格教育的深层次渗透，都需要家长以身作则。父母可以更多利用高质量的陪伴时间以及周末和假期整段的时间，带孩子去实践成长！

这份深刻的体会，来自我拥有教育全视角。我能从专业教师的视角来理解老师们的难处；我也做过家委，知道家长们的心中所想，了解家校沟通的不易；作为一对双胞胎的妈妈，我更理解为人父母的担心和期待！

面对巨大的家校共育难题，愿航教育可以作为联结家庭教育和学校教育的平台，支持实现全面家校共育，贡献强有力的社会力量。我期待为教育带来一点点正面影响，最终促进我们的孩子成长和下一代的教育发展。

用我的梦点亮更多家庭

在不断打磨育儿心法和技法的过程中，我自己也是成长的受益者，我希望能帮助更多的家长和孩子，帮助每个家庭总结属于自己的亲子成长秘诀。

我梦想着，能有更多父母感受到育儿的快乐，不再为缺乏经验和方法而烦恼；我梦想着，能为更多刚当上爸妈的年轻人提供第一次育儿的指导，陪伴他们一起成长；我梦想着，愿航教育的平台能汇聚各方优质资源，使每个孩子都能健康快乐地成长。我会努力将这些梦想转变为现实。

友者生存，善用贵人杠杆！

> 你可以是一朵玫瑰，也可以是生生不息的野草。当你是玫瑰的时候，你就让自己花开万里，春色满园；当你是野草的时候，你就努力靠近太阳，让全世界都挡不住你的光芒。

每一天都重要，每个小时都值得

■ 崔春（CC）

担任12年民营企业管理咨询导师、高管
12年国际认证专业级教练（PCC）、MBTI教练
蒲公英家庭教育青少年心理导师

友者生存1：善用贵人杠杆

很高兴在这本书里与你相识，我是崔春（CC）。

熟悉我的朋友们送给我三个标签：

1. 证CC： 因为追求专业，我在23年的职场生涯中，拿下了20多个国内、国际HR领域的专业认证，如高管教练、人才测评师、职业发展指导师、领导力与软技能培训师资质。我注重个人高质量成长。

2. 维CC： 我致力于协助中国中小企业管理者高效破局。我是陪伴组织健康成长的陪跑顾问。

3. 愿CC： 我是热爱生活、创造美好的"金牛座"，我还是一棵散发光彩的蒲公英，为每一位有缘的朋友赠送蒲公英的美好种子，享受生动鲜活的生命。我也是个人赋能陪跑教练。

我是一个平凡普通的"中女"（已到不惑之年的女性），但有着一颗不甘平凡的小心脏。我每天路上要用四种交通工具，花三个小时通勤。当然，在大北京，这不算新鲜。我每日早出晚归，打点好上学的孩子的一切后，自己终于舒口气，跳上一辆三轮蹦蹦的。有时候，点儿背约不到，就自己花20分钟走到地铁站，去挤最挤的十号线，然后用吃奶一样的力道见缝插针地上车，中途顺着拥挤的人流换乘，出地铁再抢一辆小黄车或小蓝车，多数时候抢不到，就跑去赶班车，赶不上就再次点儿背地花15分钟等下一趟班车……你看，人生经验就是这么历练来的。

话说，这样的日子在我2023年国庆节彻底获得职场人身自由以后，结束了。我愕然了，因为我发现，原来的我一直是麻木的。还好一切都不晚，至少，我现在可以自由地睡回笼觉了。

如果说人生如梦，那不如多梦几场，体验不同的人生才叫精彩。 距离辞职不久，我好像已经经历了几个月甚至几年的自我内心洗刷和精神洗礼：从刚开始的自由万岁的欢快，到接待客户的忙碌，再到空闲期的有点茫然，以及跟朋友在一起、彼此照见梦想的激动……我越发能找到让我活出自己的方向了。

过去的我，有3个还算对自己有所交代的成就。

1. 个人发展：提前规划并实现第二职业曲线跃升，两条事业曲线并进，一路畅通。

2. 职场发展：获得全球100强最佳雇主欧洲药企（大中华区）卓越员工总裁奖、（中国区）金点子创新奖；兼职获得客户的好口碑，帮助10多家企业调整战略文化，顺利度过发展瓶颈期；拥有上市民营企业高管的经验、23年职场经验、11年咨询与管理经验，畅历国企、外企、民企；积累了800多个小时的PCC（国际认证教练）资深教练咨询。

3. 家庭生活：曾一人在美国历经丰富多彩的生活并开心生下二胎，带孩子和多箱行李顺利回国，一家团聚。我是被家里的五个男人包围和宠爱的妻子、母亲、女儿、姐姐，享受每一天多姿多彩的生活。

但，清水煮岁月，红尘笑过后，又该何去何从呢？**如同河水无法倒流，过去的一切皆为尘埃，现在的一切皆为序章，未来的一切皆有可能。**

我常常在想，我得保持怎样的清醒，才能对得起自己不惑的年纪呢？人为什么活着就不用费劲想了，因为想也想不明白，那么就来点实际的吧，我怎样才能活好人生的下半场？

这个其实依然没有答案，不过有一天我去银行办社保时，偶然听到一个小女孩问她妈妈："妈妈，你说是一年重要，还是一天重要？"

她妈妈沉默了一会儿,实在不晓得如何回答,就说:"你说呢?我不知道呀。"小女孩显然不满意这个答案,又问了一遍,她妈妈又说:"那要看情况吧。"这个妈妈是不太想跟她闺女继续讨论这个问题了,但那个时候,无聊的我开始认真思考起这个问题了。思来想去,内心自问自答了半天,我的结论是:我的每一个小时都重要。

既然如此,我打算继续问自己几个问题。

1. 别人对我的印象是什么样的? 优雅的,亲和的,智慧的,淡定的。(假的,其实这些都是我的面具,那不过是摆给外人看的而已,面具的价值是掩饰我内心的恐惧。)

2. 我童年最大的恐惧是什么? 是我害怕自己不够优秀,然后被爸爸妈妈抛弃。因此我一直在努力让自己变得优秀,工作成绩优异,德智体美劳全面发展。(这正是我的焦虑所在,也是驱动我往前走的动力。)

3. 我最大的优点是什么? 勇往直前,善于学习,追求卓越。(这些是我面对恐惧时的应对机制。它们看似保护着我,但也是我在成为自己的路上需要自我突破,甚至终将放弃的东西。)

4. 我非常羡慕别人拥有、自己却没有的性格特征是什么? 轻松幽默。(这才是我的真我,尽管我还没有拥有,但恰恰是我要去更多体验和活出来的样子。)

5. 我总会因为性格中的什么特点而遇到麻烦? 遇强则强,遇弱则弱。当我要逞能的时候,与别人的关系往往处理得不太好。这个在不同场景中屡次被验证过。由于过度要强,我经常会破坏我和对方的关系。

6. 我讨厌别人身上什么性格特征? 软弱。(这是我一度无法接受和理解的,相信很多人也是一样,但恰恰这是我被真正摧毁后自我重塑的样子。如果我真的可以改变，它便真的可以拉伸我的心灵肌肉、丰盈我的内心。）

扪心自问以后，我仿佛找到了自己性格中新的破局点。人不再迷茫的时候，是最有力量的。

其实我也不知道这些问题算不算直击灵魂深处，但至少我为自己能够认真思考并回答出来而感到欣慰，同时也将这些问题送给有缘看到我的文字的朋友，邀请你们自问自答一番，看看对自己的内心有哪些更深入的了解呢？

记得把生活调成自己喜欢的频道，因为每一天都重要，每个小时都值得。

为此，我期望自己能不负初心，将自己积累了 23 年的管理与辅导经验，惠及身边的亲友和社会。这是我对自己的承诺，也是对每一个闪闪发光的生命的真诚邀请。在我与我的友人们一起体验共创智慧与美好的过程中，无论话题是关乎个人成长与卓越思维的跃升对话，还是关乎专业自我认知与职业发展深度陪跑的咨询辅导，或者是引领整个团队的真实心声与思想碰撞，彼此看得见的改变才是成长所在。

至此，送给正在阅读的你几句话："你可以是一朵玫瑰，也可以是生生不息的野草。当你是玫瑰的时候，你就让自己花开万里，春色满园；当你是野草的时候，你就努力靠近太阳，让全世界都挡不住你的光芒。"也要送给正在写书的自己几句话：**"如果跑不赢时间，就跑赢昨天的自己。过去不重要，未来才重要。无论活成什么样，都要记得谢谢今天的自己。"**

最后，希望我们在人间走一趟，可以满载而归。共勉。

> 在教育孩子的过程中，孩子令家长重生，家长伴孩子成长，这是一场家长自我修行的过程。

友者生存1：善用贵人杠杆

家庭教育是我的事业，也是我的修行

■ 洪阳

非常牛教育创始人
世界500强公司面试官
家庭教育实战专家
书香家庭阅读推广人

前不久，我收到格林豪泰创始人徐曙光先生寄来的《做父亲，不许失败的创业》签名书。我感到好奇，作为一位知名企业家，为何会在百忙之中抽空来写这样一本书？我赶紧翻开品读，随着文字的慢慢铺开，我内心对家庭教育事业的选择更加坚定，因为我发现，**优秀的孩子都是父母精心培养的结果，家长对孩子的影响极其深远**。不管我们工作多么出色，孩子不争气就是一处败笔；不管我们工作多么差劲，孩子争气、有出息，就是我们一辈子的骄傲。

最初从企业辞职出来转型做家庭教育的时候，我还有些犹豫，心想是否存在风险，是否把家庭教育看得太过理想化，但随着对家庭教育的学习、实践、研究，我看到太多人对家庭教育的理解太过片面。事实上，如同徐曙光先生在这本书里所阐述的，**家长对孩子的培养，本身就是一种事业，且不可逆转，是一次越早做越受益的修行**。

每个人都在奔赴各自不同的人生，然而，作为父母，很多人给予孩子的更多的是金钱，而忽略了对孩子的爱和陪伴。回想起我们家川宇被从老家接到上海后的点点滴滴，我深知给予孩子爱和陪伴的价值和意义。经过深思熟虑，我于2016年带着孩子回到合肥，开始了全身心的陪伴时光，在收获孩子的善良、真诚、自信、优秀的同时，我欣喜于我的这份家庭教育事业取得了阶段性的成功。

身边的朋友开始羡慕我，向我请教，问我孩子是如何培养的，有没有什么育儿绝招。慢慢地，我开始有意识地回顾、梳理，做了一次次"育儿经验谈"分享沙龙。后来，我获得了国家高级家庭教育指导师证书，走进社区、学校、企业做育儿经验分享。到今天，我已经把家庭教育定格为创业项目，并且获得了回报，包括自创品牌的事业、对人生的思考、对孩子成长的研究。

如果你是一位对家庭有期待、对副业变现有兴趣、对事业转型有

友者生存 1：善用贵人杠杆

关注的思考者，我想和你真诚地分享这份事业、这场修行。或许，这正是你在人生的某个转角寻找的一个绝佳项目。

家庭教育是一份必做的事业

说家庭教育是一份事业，可能你会觉得这说法太过浮夸。以前，我也全力在事业上打拼，和爱人商议之后，把孩子送回了老家，托付母亲照看。母亲是很爱孙女的，但生活习惯、隔代养育等还是出现了不少问题，我和爱人不得不多次辗转于上海和老家，影响了工作，也引发了一次次的家庭矛盾。

人是家庭中的人，人也是社会群体中的人；是人就离不开家庭，是人就离不开社会。我们都希望自己收获成功，而人生的成功有工作上的成功，也有家庭幸福和孩子成长的成功。家庭幸福和孩子成长，往往又深深影响到我们工作的方方面面。

人生有一项必做的事业，便是教育好孩子！就一个家庭来说，家庭教育要比工作更为重要、更为迫切、更为现实。我身边有不少朋友，薪水不菲、职位不低，但每每交流时，无不为孩子的叛逆、厌学而黯然伤神。一个家庭如果孩子没有教育好，不仅孩子今后没有好的出路，而且也会影响家长的老年生活。可以说，一个孩子没有教育好，会影响两代人、几个家庭，甚至社会。反之，如果孩子教育得好，足够让我们老年无忧、幸福快乐，甚至成为我们的骄傲。提到梁启超先生，除了梁先生个人的成就外，我想梁先生一生最值得我佩服的是他的九个子女，有三人成了院士，其余六人也都是各自领域的佼佼者，世人称之为"一门三院士，九子皆才俊"。这便是梁家的顶峰！

我们今天在孩子面前的一言一行，都是孩子今后社会交际的重要基础。**给孩子健康、温暖、有爱的成长环境，让孩子这家"企业"能在未来的社会上赢得市场、获取成功，是我们必做的事业。**正如徐曙光先生所说，这是"不许失败的创业"。

家庭教育是一场自我修行

家庭教育，大家并不陌生，有的朋友阅读各类育儿书，希望可以更好地迎接新生命的到来，但家庭教育这件事想做好，还是存在很大挑战的。开车的朋友，都经历过考驾照，只有拿到了驾照，才能开车上路，但养育孩子这件事的难度要远远大于驾驶一辆汽车，因为孩子是有思想的，孩子在成长中会遇到情绪的问题、与同学的交往问题、老师的教导问题、学习的问题、手机的诱惑、就业的选择等等，但是，很少有人会为家庭教育这件必做的事业去考证，持证上岗者甚少，这或许是现实里一个又一个青少年问题出现的根本原因。

家长的教育，决定了孩子的成长方向。

你是否教育过孩子，哪些行为是犯罪，哪些行为是正义的？你是否检查过孩子的行为，看他做的与说的一致吗？你是否觉察过孩子的变化，并温暖地去交流和引导？你是否对孩子过于宽容，有求必应，无限地给予？又或者你对孩子过于严格，打骂威胁，甚至无端地对孩子进行人格侮辱？作为家长，你是否合格？

现在的家庭教育市场，也有待家长用一双慧眼去鉴别。作为国内大学生就业导师和世界 500 强公司面试官的我，通过观察研究，提出对孩子的培养要基于"全周期系统陪伴"的理念，得到了不少专家的高度认可。培养孩子，不能只关注孩子的幼儿园阶段、小学阶段、中学阶段。很多家长都知道小时候要重视孩子习惯的养成，到了中学要关注青春期，却忽略了孩子的成长是一个全周期、系统性的问题。如果家长只是片面地关注一个问题点、一个阶段，便在孩子身上实施家庭教育，那就好比手里拿着几块瓦，举在头顶，还硬说是房子，就凭这几块瓦去遮风挡雨，会有一个幸福、美好的家吗？

大家想一想，家庭教育的终极目的是什么？是为孩子的未来服务，为孩子的前途着想。 一个全周期家庭教育系统，应具备五大核心：寻找天赋，追求梦想，塑造人格，培养能力，创造价值。

伴随孩子的成长，在每一天、每一处、每一事上磨炼，最终定格下来。作为家长，自己需要有耐心，只有孩子的天赋、梦想、人格、能力、价值都得到滋养，才是一个全周期的家庭教育系统。

在教育孩子的过程中，孩子令家长重生，家长伴孩子成长，这是一场家长自我修行的过程。经历了与孩子之间的种种快乐与痛苦、理解与无奈、感恩与辜负、得到与失去，让孩子获得一个美好的未来，作为家长的我们，才是真正的功德圆满。

孩子慢慢地长大，你陪伴孩子的每一个瞬间，都是自我修行的最好时机，请用心去接受、接纳和铭记吧。这是一场无法重来的修行。

家庭教育，是人人都可以打造的个人品牌

在一个家庭中，对孩子的教育是一份必做的事业，也是一场自我修行。孩子是清晨的花朵，是祖国的未来。每一个人都喜欢把希望寄托在孩子身上，一个家庭如此，一个社会如此，一个国家也是如此。

在这样的共识下，家庭教育愈发重要。我身边已经有不少家长开始学习家庭教育，推广家庭教育，在学习中成长，在成长中创造价值，帮助一个又一个家庭，摆脱迷茫，获得幸福。

这是一份令人幸福的事业，修己达人，让自己多了一个足以刻进里程碑的新身份——家庭教育工作者！

愿每一个孩子，在家长的培养下，成为更好的自己——优秀的孩子！

愿每一个家长，在孩子的成长中，打造更好的品牌——合格的家长！

家庭教育是人生重要的事业，家长只需静待花开，以积极、开放、尊重的心态对待孩子，陪伴孩子一起幸福长大。相信你也和我一样，时时可以感知到育儿修行的快乐。

看到这里，你是否有了一种力量或者使命感，来重视这项必做的事业，做一次自我修行呢？

眼里有光，脚下有路。来吧，朋友，让我们一起来修行，来做这项事业——幸福家庭，成就孩子！

> 演说不是自说自话,演说的目的不是满足自己的表达欲、倾诉欲,而是为了影响别人、打动别人,让听众喜欢你,认同你的观点,与你产生共鸣,并且在行为上受到你的影响,从而产生改变!

友者生存1:善用贵人杠杆

商业演说的5个关键词,让你轻松应对关键时刻

■ 胡珺喆

创始人演说销讲教练

博商特聘演说导师

单场千万级会销操盘手

5 大表达难题

大家好,我是胡珺喆,人称胡校长。我是一名专业的商业演说教练,长期在博商学院等知名商学院从事创始人商业演说的教学,也曾经作为超级演说家学院(深圳)的发起人,负责深圳演说海选和选手培训。跟一般演说老师不一样的是,我不单单只教学,也常年深入一线,用这一套商业演说系统帮助超过 30 个品牌方创造了一次次会议场均收益过千万元的佳绩。

我发现很多的创业者,不管是在社交场合、商务对接,还是在谈判桌上,有 5 大表达难题:关键时刻掉链子、紧张恐惧放不开、逻辑混乱没重点、表达平淡没气场、套路满满招人烦。

那如何去克服以上的表达难题?快速提升我们的演说表达力,让我们在公众场合有更好的表现?接下来,我用简单易懂的语言为你一次性说清楚商业演讲的底层结构。

什么样的演说是有效的?

演说是一种在公众场合一对多的表达形式。演说不是自说自话,演说的目的不是满足自己的表达欲、倾诉欲,而是为了影响别人、打动别人,让听众喜欢你,认同你的观点,与你产生共鸣,并且在行为上受到你的影响,从而产生改变!用一个词来描述就是"说动",你的语言影响了对方的行动。**所以,好的演说能够入脑入心,让人行动,让人改变!**

提升商业演说力的 5 个关键词

结构化：逻辑、结构、顺序

很多人经常跟我说："胡老师，我的口才不好，表达力不行。"其实核心问题不仅仅在于"说不好"，而是因为"没想好"。很多时候，"说不清楚"是因为"没想明白"。

演说和表达的实质是一个人思维的显化、外化，思维才是表达的根本。所以你想提升演说表达力，你需要做的第一件事情，就是掌握一些基本的结构化表达方式，即表达模型或者表达框架。比如我们经常在即兴表达中用到的 ORID 模型，包括以下内容：

- **事实/信息**：客观的事实、信息和数据；
- **感受/体验**：对事实的内在反应、情绪、感受等；
- **理解/思考**：对事件的解读；
- **决定/行动**：做出的决定或采取的行动。

还有在说服别人的过程中，我们所用到的 RIDE 模型，包括以下内容：

- **Risk（风险）**：不采纳方案会带来的风险；
- **Interest（利益）**：接受方案会带来的利益；
- **Differences（差异）**：你的方案与众不同之处；
- **Effect（影响）**：方案的负面效应。

这些模型可以让我们的即兴表达更有结构、层次和逻辑性。

当然还有很多其他模型，比如自我介绍的 1131 模型、产品路演的黄金模型、六维精准说服模型、观点故事主张模型。当你掌握了结构化的表达模型,你会发现表达瞬间变得简单、高效,而且你的影响力会倍增。所以,我经常说:"商业表达有模型,随时开口都能赢!"

表现力:状态、能量、气场

好的演讲除了逻辑结构清晰,还需要我们有好的表现力。简单来说,表现力是我们在演说时所表现出来的状态、气质、魅力、感觉,它是听众对你整体的感知。我经常说,语言是有能量的,动人的歌声可以感动人,激情的演说可以震撼人、感染人。

在这里,跟大家分享一个胡校长商业演说的表现力 SEO 法则。

S 就是 Smile(微笑)。微笑是建立你的亲和力和信任感最好的方式,也是最简单的表现你自信心的方式。真诚的微笑让听众有如沐春风的感觉,所以只要开口表达,就要面带笑容。

E 就是 Eye Contact(眼神交流)。眼睛是心灵的窗户,当你在台上展现自信的眼神,就会散发迷人的魅力和吸引力。

O 就是 Open(打开自己)。在演说的过程中,抑扬顿挫的语调和有效的肢体动作可以很好地引导听众、激发听众。因为声音可以传递情感,动作可以创造能量。

需要提醒你的是,演讲不是声嘶力竭的吼叫,要将自己的意图传递给听众,不是靠喊叫实现的。同时演讲不是单纯的表演,在演讲的整个过程中,有演的成分,但绝对不是演戏,不能用力过猛,虚假浮夸,一定要融入自己的思想情感,声音、动作、面部表情里都带上自己的思想,要用真实的感情去引发台下听众的共鸣,要用真实的声音打动人。

销售力:说服、影响、改变

前面,我跟大家分享了演说的核心是影响和改变。只有影响和改变，才能达到我们的目的，所以在演说的过程中，我们需要形成销售意识：**分享即影响，演说即销售**。

这里的销售不能狭隘地理解为销售产品，比如在社交场合，你做自我介绍的时候，你得把自己"销售"出去，让大家信任你、喜欢你；当你在招募合作伙伴的时候，你"销售"的是你的理念和价值观；当你跟公司伙伴分享时，你可能"销售"的是组织文化；当你面对投资人时，你"销售"的是你的梦想。所以我常说，一个人对一群人的销售就是演讲，一个人对一群人的演讲就是销售！

实现"销售"的前提是以终为始地去设计你的演说：每一次开口前，你期待听众听完你的演讲后，选择去做什么？是选择相信你、选择购买你的产品，还是选择支持你、投票给你？作为演讲者，你需要站在人性的角度去洞察听众的需求，解决他们的痛点，满足他们的爽点。

在这里，跟大家分享商业演说销售力里面的两个重要原则：专业身份展示和产品价值塑造。要记住在任何时候，在信任感没有建立之前，不要谈产品，有专业才会有信任，有信任才能谈产品；在价值没有塑造好之前，不要谈价格，价值不到，价格不报！

当你能够去践行以上原则，你就可以轻松地获得这样的结果：**不讲话就有效果，一讲话就有结果**。

故事力：故事化表达

好的演说需要数据化、场景化，更需要故事化。故事可以给听众带来画面感，可以快速地与听众产生共鸣，所以故事也是非常高级的说服、影响别人的方式，尤其是在产品销售、渠道招商或者 BP 路演这种关键的时刻。

当年，我们在运营超级演说家学院（深圳分院）的时候，我们给选手培训的核心与重点就是"如何讲好一个故事"。在大家都非常熟悉的 TED 演讲里面，嘉宾的指导当中也有一个非常重要的核心，就是讲故事，所以故事是一种可以学习的策略。当你设计演讲的时候，你需要有故事的思维。如果你希望展示自己，那么你有没有一些能突出你性格特征的故事；如果你要给公司伙伴培训，当你想传达某一个观点的时候，有没有好的故事可以用来传达。

在故事化的表达里面，你需要懂得去设计人物的形象，让人物形象饱满而立体，你也需要描述故事细节，从而有画面感和代入感。在我们的系统训练里面，我们会教大家故事方程式、场景代入法、人物塑造法、故事启示法等等。

如果你能够掌握这一套故事化表达的方法，你就能够把你的内容故事化地呈现出来，把你的观点用金句的方式输出，你就会拥有潜移默化、春风化雨的影响力。

心志力：内在有力量，外在才绽放

很多时候，我们在备战时做好了充分的准备，但是一到临场，我们还是会紧张，会莫名其妙地恐惧，这也是很多人想提升表达力、演说力时面临的第一个障碍。

我把它称为演说的心魔，比如很多人总觉得自己讲得不够好，也有很多人担心别人不喜欢自己，在意别人对自己的看法，所以我们要突破公众演讲，有方法，但更重要的是心法。内在底层的力量是看不见、摸不着的，却是对演说者状态影响最大的。强大的心力，是在心里无条件地 100% 接纳自己、相信自己。我们也会在课堂上通过有效的训练，让你建立在舞台上演说的信心，这样你的气场会立刻变得强大。

这里有两个小小的建议：

第一，就是要正视紧张、恐惧。这是一种不可避免的生理现象。持续不断地向潜意识输送积极正向的自我暗示，源源不断地给自己输入正向的能量，就可以创造一种更高的情绪状态去替代紧张、恐惧这种低能的情绪状态。所以，在课堂上，我们会让学员大声地朗读《演说家宣言》，体验那种热情、积极、勇敢的生命状态。

第二，不要过于期待完美。这会给我们很大的压力，完美不存在，丢脸才能长脸，出丑才会出彩，这听起来有点学习阿Q的精神，但是当我们需要成长、突破的时候，这种享受丢脸、热爱成长的精神是不能少的！

写在最后

人的成长主要通过两种形式：一是集中式的快速突破，二是日程式的渐进提升。所以有机会的话，还是需要有效的训练，用集中式的高强度、高密度的训练，去打破你的惯性，让你能够去更好地觉知、感知自己的语言模式与表达习惯。

最后，如果你想提升商业表达力、影响力，我真诚地邀请你来参加我的两天线下课，因为商业演说的学习不是理论学习，更重要的是去感知舞台，参与训练，打开自己，全然绽放，同时学会变现。所以，我们的教学是从表达的底层逻辑、演说的应用场景、实战的策略技法、内外的能量呈现等多个维度来提升你的表达力。

最后，想再强调几个核心点。

（1）我们不教声音，不教主持，只聚焦创始人、个体创业者在商业场景中的表达力、演说力；

（2）我总结了过去帮助各大品牌举办几十场收入过千万元的招商会的经验，将发布会的实战经验体系融入课程当中，帮助学员用演说变现；

（3）我们有自己成熟、独家、系统的课程体系，并获得了国家版权局的正式课程版权认证。

（4）我们的课程已经是博商等主流总裁培训机构的总裁班必修课，我也是演说品类里为数不多的同时能跟这么多知名总裁班合作的老师。

让我们一起用语言创造更多的美好！

友者生存 1：善用贵人杠杆

从自卑到自信的这条路，我独自一人走了二十几年，艰难而漫长。幸运的是，我最终找到了自己来到这个世界上的使命。

从小极重度听力障碍的女孩，是怎么活出自信的？

■ 华华

自信力教练
自媒体人
残健共融公益践行者

对我不熟悉的人都会说，怎么也想不到，那个在舞台上自信演讲，并带着近百人走出自卑的女孩，竟然是一个极重度听障者。

在大多数人的概念里，一个人能够在社会上立足，并自信地活出自己，本来就很难了，更何况是一个有极重度听力障碍的人。

我想告诉你：**世界给你关上了一扇门，一定会给你开一扇窗**。

命运给我开了个很大的玩笑

26年前，我出生在一个普通的家庭，然而不普通的是，我的父母都是聋哑人。

命运总是喜欢考验人，因为遗传，我一出生，世界就是无声的。后来凭着小小的助听器，我才勉强挤进有声世界。我的家人，一直竭尽全力地给我更多的爱，让我觉得这个世界本来就很美好。

在我10岁之前，一直觉得自己跟其他人没什么不一样的地方。可是，等我一点点长大后，我才发现，原来在很多人眼里，我是个异类。

因为耳朵上挂的助听器，周围的同学用异样的眼光看着我，甚至和别人一起对我指指点点，说："这（指助听器）是什么啊？为什么我们没有，而你的耳朵上就有呢？"渐渐地，一些同学开始疏远我，不想跟我一起玩。

那时，我突然开始害怕，难道我真的跟别人不一样吗？为了逃避这一切，我开始披着头发，不让别人看到我耳朵上的"怪物"（助听器）。更不敢开口说话，不想让别人听见我吐字不清的发音，因为怕别人说我连话都说不清楚。从那以后，我越来越自卑，在人群当中，我总是默不作声。

能拯救你的，只有你自己

我从小就是一个不被人记住的人，外公外婆和阿姨为了让我活得像个正常人，不辞辛劳，想尽办法让我说话更清楚。一个个字地拼读，一句句地纠正我的发音，我小小房间的墙上贴满了各种各样的字帖，这些都是家人为我付出的痕迹。

很多发音，比如 zh、j、s 等，家人教了不下几十遍，由于我的听力实在受损严重，没办法听清，所以难以发出正确的音。每每这个时候，我的家人会因此而着急地哭出来，甚至，他们把一切责任归在了自己身上，自责为什么把这样不好的基因遗传给了我。但无论如何，他们都没有放弃我。

在学校里，我经常遇到同学不耐烦地说："你听懂了吗？听清楚了吗？""你怎么还是没听懂啊？跟你说话太费劲了，我不想跟你说了。"甚至有些老师也皱着眉头，不理解地问："你不是戴助听器吗？怎么还是听不清我说话？"

每次听到这些话，我都强忍着眼泪，一遍遍去解释，我的听力受损，真的很严重，助听器只能帮我听到一部分的声音……我无数次濒临崩溃，想要放弃学业，这样就可以再也听不到这些我不想听的声音。

但是每到这种时刻，我的家人们总会陪在我的身边，对我说："华华，不要怕，我们都爱你，永远在你背后帮你。"**我就告诉自己，我做的一切努力，不仅是为我自己，更要为给我生命的人**。我要用行动告诉全世界——就算有听力障碍又怎么样，我依然可以创造我想要的人生！

如果生命有裂缝，一定是为了让阳光照进来

从那以后，我开始积极地回应所有异样的眼光，也开始翻阅各种资料，比如关于自信的、关于选择的、关于未来的、关于人生方向的，一点点尝试，一步步突破，让自己越来越自信。

上了大学，我尝试报名参加一些竞赛来挑战自己。在其他选手都已经排练得差不多时，我还在努力地想各种办法，只为解决如果评委老师听不懂我在说什么以及我听不清老师的提问，我该怎么办？其他人根本不需要考虑这些问题，可我不得不面对极重度听障所带来的种种阻碍。于是，我每天对着镜子、对着墙壁，一遍遍练习，也找导师、找同学来帮我纠正发音。还给每张PPT都加上了字幕，即使有很多次因为内容全部修改了，我也耐着性子，把字幕重新一句句加上去。

同样的一件事情，别人可能只用1个小时就可以完成，我却需要花3倍的时间。如果你在学校里，一定会看到一直抱着笔记本电脑的我，在教室、老师的办公室、图书馆、排练室这几个地方来来回回，直到深夜。

终于，这一切努力，有了结果：

· 参加职业规划省级比赛，夺得一等奖，打破学校的纪录；

· 代表学校赴英交流，带组员进行英文演讲，获得唯一的"优秀学员"称号；

· 跟全省十几名优秀大学生同台竞选，获得国家奖学金特别评选奖，成为学校12年以来再获此奖的学生；

· 还有在上海、杭州、苏州、深圳等全国各地进行的演讲。

成为一束光，照亮更多人

作为一个极重度听障者，从挣脱这个枷锁，到拿到一个个成绩、一次次登台分享，有很多伙伴来找我，希望能像我一样，变得更自信，活出自己。

从那时候开始，我便留意到很多伙伴做事情缺乏勇气。比如，想上台表达，最后不敢去做，留下遗憾；看到不错的竞赛，但觉得自己不够好，迟迟不报名而错过机会，又后悔自己当初没有去抓住它。你一定要知道，人生最大的遗憾，不是没有做，而是我本可以！

我发现，原来抛开极重度听力障碍这个方面，其实大家那么相似。因为我过去经历了太多，所以我希望有同样问题的伙伴们也能早早走出来。个人的经历只是一个案例，我还需要用系统、科学的方式去帮助他们变得更加自信。

于是，2020年，我跟随ICF国际教练联盟ACC级别教练、目标管理专家易仁永澄老师学习个人成长教练，累计练习几十场，长达100多个小时，支持50多位小伙伴直面挑战，找到行动的力量，达到了一名合格的个人成长教练的水平。

赋能他人突破内心卡点，看到我的伙伴因此变得更自信、更有力量的时候，我特别开心，也很享受这个过程。我感谢极重度听障，是它，让我在很早的时候就经历了无数坎坷，其中不少可能是你们一辈子都不会经历的。

从自卑到自信的这条路，我独自一人走了二十几年，艰难而漫长。幸运的是，我最终找到了自己来到这个世界上的使命。

尊重所有声音，只做自己

2022年，我给自己定了一个目标：赋能100人，自信地活出自己。为此，我创建了百日自信力陪伴社群，给第一批信任我的伙伴们，送出了独特的福利。

群里不少伙伴跟我分享，因为内心的能量充足，所以有了很多好消息。后来，我受邀去其他社群参加工作坊、做直播分享，也收到不少好评。百日自信力陪伴社群结束之后，我接了不少个案咨询，总计有100多个小时，也和团队一起指导IP、企业操盘社群，累计营收额达几十万元。

然而，我也受到过几次质疑。有人问我："自信力是干吗的？"一些前辈不看好我，说我做的东西太虚了，不如"变现""技能"来得直接。

这些声音听到很多次以后，我就有些动摇了，开始产生怀疑：自信力难道不值得培养吗？心想我该怎么做好它。

那段时间，我推掉了其他的项目，陪父母旅游了近3个月，边旅游，边思考这个问题。也开始坚持每天练瑜伽，除了感染新冠病毒时中断了，其他时间几乎做到了每天坚持，至今已有1年多的时间，还瘦了6斤。

这些在我眼里正常得不能再正常的事情，当我跟伙伴们聊起时，他们惊呼着问道："你怎么做到的？好羡慕你能说走就走。""为什么你能够这么长时间坚持做一件事情？还瘦下来了。""怎么样才能够自信地对着镜头表达？不担心别人怎么看你吗？"

我愣了一会，突然发现，旅游、健身、输出、大方展示自己……

这些不正是大家渴望去做的实实在在的事情吗？一瞬间，我找到了答案，自信力的作用正在于此！让你的内在有足够的力量，勇于追求自己的梦想，达成一个个小目标。

这个时代，知识的获取轻而易举，可我们容易迷失、焦虑，越来越不自信，偏离了原来的方向。对我们来说，最重要的不是所谓的干货，而是有足够的心力去支持自己的行动。所以，当你开始自我怀疑、止步不前时，请你一定要问问自己：如果一直做现在正在做的事情，不停地向外追求，真的能拿到自己想要的结果吗？如果换一种方式，向内走，会不会有所不同？

这个思考题，是我送给大家的一份礼物。

如果有幸相遇，愿赋能给你。我希望每个普通的你，能更加自信绽放，让以后的每一年，都变得不普通！

友者生存1：善用贵人杠杆

阅读与写作，拯救了我。让我在花甲之年，发现了更好的自己，我感觉自己又焕发了青春，人生逆生长。

我与写作一见钟情，在极致利他中，把自己的价值发挥到最大

■ 乐都

个人品牌写作教练
多平台签约作者
乐乐读书会创始人

友者生存1：善用贵人杠杆

我是一名"50后"，我今年66岁了。

最近几年，我感觉自己进入了一个逆生长的状态。每天早上在睡梦中醒来，充满激情和能量。简单地运动之后，就做一天的规划。然后读书、写作、发朋友圈、做短视频，和年轻人一起在社群里互动。看我朋友圈的人，以为我是30多岁的白领；熟人见到我，看到我精神焕发的状态，以为我做了什么高科技美容项目。

其实在2019年之前，我不是这个样子的。2019年之前的我，和大多数的老年人一样，当奶奶、带孙子、做家务，有一种深陷沙海、渐渐下沉的无力感。我以为这是老年人的必然状态。直到我遇见了弘丹写作，我才开始脱离沙海，绽放自己。

回顾我的人生经历，倔强、优秀，始终是我的人生本色。

习惯了优秀，却不知道自己想要什么。在寻觅中，我与写作一见钟情

在我人生的各个阶段，我的信条永远是：把当下的事情做好。无论是在特殊年代的学生时期，还是在三班倒的工厂里当工人；无论是我作为唯一的中方副总，筹建创立合资企业，还是作为国家注册审核员，审核或为企业做咨询；无论是后来自己创业，还是在家带孙子……任何时候，都是事情来找我，而我总会要求自己，把眼前的事情，尽自己的能力做到最好。我这种被动型的性格，常常会让自己感到很累。

在很长一段时间里，我没有意识到这有什么不对。日复一日，疲劳、迟钝和迷茫伴随着我。终于有一天，我有了更多的思考，我才意识到，几十年来，我从来没有主动设计过自己的人生。我只想把自己

眼前的事情做好，但其实，我并不知道自己内心真正想要的是什么，所以我会很累。

那么，我究竟想要什么呢？

2019年10月的一天，我在网上看到了一条学习写作的信息，看到"写作变现""听书稿训练营""平台对接"等字眼时，我激动了。我的大脑飞快地转着：听书稿，我知道呀，在得到平台上听过，我也能写吗？看着看着，不知怎的，感觉心跳加快、呼吸急促，没错，这就是我想要的。

我现在回想起来，仍然觉得好笑。60多岁的人了，当时竟然激动成那样，完全是一见钟情的感觉。

原来写作才是我潜意识里的最爱，我之前竟然没有察觉。于是，我毫不犹豫地购买了弘丹写作2020年的年度会员。

正当我满怀信心准备写起来的时候，一座"大山"突然压在了我的面前，让我进退两难。

坚持之后，我发现自己很酷

2020年初，我80多岁的老母亲，突然脑梗偏瘫了。一整年，她几乎都在住院、出院、住院、出院……然而根本没有好转。

自从2012年我父亲走后，母亲就一直跟着我住。偏瘫后，更是由我日夜照顾。我生活的重心，一下子偏离了正常的轨道。

既要照顾老妈，又要带孙子，我无数次问过自己：我还能坚持学习写作吗？而每次，我心底里的答案，都是不容置疑的两个字：坚持。

战略确定之后，战术就是最重要的。我该如何坚持呢？我采取了

友者生存 1：善用贵人杠杆

抓重点的方法，只学习听书稿，放弃了其他课程。

事实再一次证明，你在什么上面坚持，就会在什么上面取得成果。很快，我成为一书一课、爱迪尔等多个听书稿平台的签约作者，还成为弘丹早起读书会听书稿板块的点评编辑。

世上没有白走的路。听书稿很适合我，因为我曾经是 IOS 9000 质量管理保证体系的国家注册审核员，参与过几十家企业的咨询和审核，所以我有很强的总结归纳、提炼重点的能力。

坚持一定很酷。当你真正想做一件事的时候，全世界都会为你让路。

当我下定决心要坚持写作时，所有的困难，瞬间就变得渺小了；我的大脑，瞬间也会想出很多统筹兼顾的方法。比如，给孙子喂饭时，同时给老妈喂饭，一人喂一口，节省时间；听课时全部用倍速回听，到关键之处，再放慢做笔记；走路或健身时，思考文章的结构，甚至用睡觉时的潜意识来构思文章。

如今，我已坚持写作 4 年，累计写作了 100 多万字，先后帮学员点评文章 200 多篇，帮助指导 200 多位学员提高写作水平。

放弃很容易，坚持一定很酷。

任何拦路虎，都是上天检验你"是否真的想要"的试金石；
任何困难，都是生活训练你提高能力的工具；
任何带有磨难性质的经历，都是命运对你的考验。

坚持写作，不仅让我取得了很多写作上的成就，还让我爱上了阅读，让我拥有了更多成长型思维，发现了更好的自己。

我还学会了做短视频，学会了直播，也学会了用 ChatGPT。我感到很幸运，在我年过花甲的时候，还能赶上个人品牌的时代，还能赶上 AI 的时代。

很多人都认为我很了不起，其实我自己知道，我只是坚持了自己的热爱罢了。

在极致利他中，把自己的价值发挥到最大

在我坚持写作，并且不断利他、发挥价值的同时，我的知名度和写作水平也在更大范围内得到了提高和认可。

最近这两年，不断有大咖老师找我帮忙打理公众号，也有大咖老师找我帮忙写个人品牌故事，还有大咖老师在新书发售等大事件中，找我用文案来助力。比如，新书的领读和拆解、写学员故事。

这些都是我非常擅长的。其实我早就发现，我特别擅长写故事。我在自媒体平台上发表的凡是写故事的文章，大概率都能爆。

我的优势是，我不仅具有很强的归纳总结、提炼重点的能力，而且在写作中我会代入自己的情感。每次给大咖老师写个人品牌故事，我都会先把自己完全沉浸在主人翁的故事里，找到感动自己的点，然后写成文字，我经常会被自己的文字感动到落泪。所以，往往我不是写得最快的，也不是写得最华丽的，但一定是最能打动你的，一定是让你最满意的，一定是让读者最想联系你的。

记不清是哪位名人说过一句话："教写作，不如教感动。"**写作套路对于真情实感来说，真的不算什么。**

另外，我有很强的用户思维。很多大咖老师跟我合作之后，都说："跟你合作很轻松，只需一句话或者一个案例，你就能很好地把握我的需求和市场上的痛点，并且用恰到好处的文字逐一表现出来。"

打造个人品牌离不开直击人心的文案，我的理念是：在极致利他中，把自己的价值发挥到最大，用我的文字助力大咖老师们打造个人

品牌。

最近,一位大咖老师对我说的一句话,让我印象深刻。他说:"你不要再精进你的专业了,你该精进一下营销了。"这位老师的话一语中的,是的,我的营销能力确实有待提升。

我特别不会推销自己,但是我对我写的文案,要求特别高。

欢迎你来找我,我会竭诚为你服务。

写在最后

有一句话是这样说的:**"什么拯救了你,你就拿什么拯救这个世界。"**

阅读与写作,拯救了我。让我在花甲之年,发现了更好的自己,我感觉自己又焕发了青春,人生逆生长。

我要感谢阅读与写作,感谢弘丹老师。我也要用阅读与写作,帮助更多人发现更好的自己,帮助他们绽放自己的人生。于是我和另一位"60后"乐观老师,一起成立了乐乐读书会,我们的宗旨是快乐读书,快乐写作,快乐直播,快乐生活。

乐乐读书会成立两年来,上了两个台阶。

第1年,直播讲书,带领很多人开启了直播首秀,提升了他们的个人能量。

第2年,举办好书共读营,通过独创的4重读书法,打造高品质的读书品牌,让改变肉眼可见。

非常欢迎热爱读书与写作的朋友,加入我们的读书会。

> 我相信,每一次的努力都不会白费,每一颗种子都有成为参天大树的潜力。

友者生存1:善用贵人杠杆

全域八卦 IP 之旅

■ 练荣斌

老师的老师

乐训 123 课创始人

创始人知识 IP 教练

曾受邀为联合国国际劳工组织(ILO)提供培训技术服务

友者生存1：善用贵人杠杆

在浙江西南部的一片青山绿水间，有一个小乡村，那里的清晨总是伴随着鸡鸣和犬吠。我出生在一个三代为农的普通家庭里。我的人生，就像这片土地，经历了季节的轮回和风雨的洗礼，才有了现在的收获。

我的记忆中，小时候家里并不富裕。父母为了我和哥哥起早贪黑，在乡里开了一家小餐馆。母亲为了让我能够上学，每天凌晨3点多钟就起床做包子，一分一分地赚钱，她希望她的孩子将来不要像她那样辛苦。

后来，我经过努力学习，终于考上了大学，我发誓要让父母过上更好的生活，我要通过做生意来改变家族的命运。大学毕业后，我带着一颗热忱的心投身于商海，我鼓起勇气让父亲向信用社贷款了2万元钱，支持我做生意，但是因为没有什么经验，失败如同潮水般将我淹没，不到半年时间，钱就亏光了。那个时候，我实在没有勇气面对现实，因此选择了逃避。

当时，我逃避去了千里之外的重庆，因为那里有我一位要好的朋友。我在重庆开始找工作，先后做过质量体系认证、出国咨询业务，但依然过着上半个月有钱、下半个月没钱的日子，生活很苦。

那时候，我没有脸面和勇气面对父母，我曾经在长达一年多的时间里，没有跟家里联系。记得一个中秋节，那是我母亲的生日，我鼓起勇气给母亲打了一个电话，我母亲接到电话的那一刻，哭着对我说："我以为你死了呢！"那一刻，我压抑已久的情绪化成哗啦啦的泪水，我在公共电话亭里号啕大哭。

"你父亲得了肾结石，做了手术，后腰上缝了17针。"母亲抽泣着跟我说，"你回来吧！我们都原谅你！"我记得，我坐了整整60多个小时的绿皮火车，再转汽车，才到家。到家后，我看到父亲手术后的样子，已经瘦了很多，牙齿都凸出来了，我当时就跪下了。那一刻，我发誓要成功，我一定要成功。

我鼓起勇气让母亲再支持我一次，我要去上海发展，希望母亲能够问娘家人借钱，可是借了一遍下来，一分钱都没有借到，我和母亲抱在一起痛哭。最后，母亲把养了一年多的两头猪卖掉了，又问左邻右舍借，总共凑了3000元钱。我来到了上海，当时住在周浦的一个小房子里，开始找工作。

当时，在我的认知里，只有做销售才能赚钱，所以我开始寻找销售方面的工作，终于如愿以偿，在外滩一家信用风险管理公司找到了工作。信用风险管理听起来比较高端，其实就是帮债权人公司讨债。这个行业的提成非常高，我暂时度过了人生的至暗时刻。

我告诉我自己，我一定要改变我的生活，我再也不能让家人失望了。

在接下来的职业生涯中，我仿佛一颗种子，被无情地埋在了上海这片冰冷的泥土之中。在接下来的6年里，我在职场上摸爬滚打，换过好多份工作，自己创办过公司，却始终毫无起色，一事无成，依然无法实现心中的梦想。

我的公司最终因为资金链断裂破产了。"难道我就是苦命吗？"我问自己。

我开始研究到底什么样的销售才是最好的销售，我发现所有成功的销售其实都是在卖他自己，那怎么样才能更好地卖自己呢？

一个念头从我的脑海当中一闪而过，我记得有人说过："想当总裁，先上讲台！"那么，做讲师是不是可以更好地销售自己呢？可是我对自己能否做讲师心里没有底。

一个偶然的机会，当我在研究培训行业的前辈们如何取得成功的时候，一个优酷上的视频改变了我的人生。这是一段关于老鹰蜕变的视频。

老鹰是世界上寿命最长的猛禽之一，它可以活到七十岁，但在它的生命中会面临一个重大问题：当它四十岁时，它的爪子开始老化，无法捕捉猎物；它的喙变得又长又弯，几乎触及胸膛；它的羽毛沉重而厚密，飞翔变得困难。这时老鹰必须做出一个艰难的决定：要么等死，要么经历一个痛苦的蜕变过程——敲掉旧喙，拔掉厚重的羽毛，等待新的羽毛生长出来。这是一场痛苦的重生。

这个故事虽然在生物学上并不准确，但是作为一个隐喻或寓言，对我有很大的启发。我做了一个决定：我要对自己狠一点，挑战蜕变！我要做讲师，做 TTT（train the trainer）培训，做老师的老师。

一个门外汉成为内行专家最好的方法是行动学习。

什么是行动学习？个人的行动学习是指将行动学习的原则应用于个人发展和学习的过程。个人的行动学习侧重于个人在自己的工作和生活中主动识别挑战、实施行动、进行反思，并从这个过程中学习和成长。

就这样，我开始了我的行动学习之旅，在做中学，在学中做。

做讲师给我带来的最大益处是站在教学角度去学习，现在我知道这叫"费曼学习法"。

做讲师能在做中学习到一对多沟通的能力。

做讲师最难的是卖课，在卖课的过程中干掉一个个竞争对手，是非常好的问题分析与解决能力提升的实践机会。

十几年前，我用 WordPress 博客程序搭建了独立网站。刚开始总会遇到这样那样的问题，但是只要行动起来了，学习就变得特别有效。我的博客吸引了企业大客户，还为我的个人品牌起到了很好的宣传作用。

进入微信时代，我刚开始也不懂鱼塘营销、牧场营销，但是行动起来后，私域运营的门道就都明白了。

进入抖音短视频时代，我起初也茫然，但行动起来了，渐渐就有回报了。

行动不仅仅可以学习，还能获得实战经验。这些实战经验会成为讲课最珍贵的素材。把这些实战经验萃取总结成方法论，学习就有宝贵的结晶。

我坚持不懈地举办个人公开课，虽然起初参与的人寥寥无几，但我相信，每一次上公开课都是对自己造课、讲课、卖课能力的一次提升。

随着时间的推移，我的课程开始有了口碑，合作机构和企业客户的订单也逐渐增多，我甚至被联合国下辖机构国际劳工组织 ILO 邀请，成为为其优质学徒制项目分享培训技巧的老师。

行动学习不仅仅是一种学习方法，还是我不断进步和成长的动力。在实践中，我深刻体会到，学习的本质不是积累了多少知识，而是我们能够蜕变成什么样的人。

通过不断的实践和反思，**我开始理解每一次的失败都是成长的养分，每一次的成功都是前行的动力。我不再是那颗在泥土中挣扎的种子，而是一棵绽放自我的树，虽然不是最高的，却在自己的位置上，正心正德，乐训助人，向阳而生。**

行动学习赋予了我实践中的智慧。我开始总结一个普通人持续举办 70 多期公开课时造课、讲课、卖课的经验，形成了全域八卦 IP 系统方法论，这是我将《易经》的智慧与打造个人 IP 实践相结合的产物。

我相信它对你一定会有所启发。跟着我一起行动起来吧！我保证

友者生存1：善用贵人杠杆

你会顿悟学习之道。要不试试？

你拿一张A4纸，叠一个九宫格或者直接用笔画一个九宫格。在九宫格第一行的三个格子里依次写上4、9、2，在第二行的三个格子里依次写上3、5、7，在第三行的三个格子里依次写上8、1、6。

你仔细看看，九宫格每个方向加起来是不是都等于15呢？接下来，请你在：

写了9这个数字的格子里面写上**"定位"**，

写了1这个数字的格子里面写上**"运营"**，

写了7这个数字的格子里面写上**"用户"**，

写了3这个数字的格子里面写上**"产品"**，

写了8这个数字的格子里面写上**"内容"**，

写了2这个数字的格子里面写上**"流量"**，

写了6这个数字的格子里面写上**"道场"**，

写了4这个数字的格子里面写上**"变现"**。

行动了吗？中间写了5这个数字的格子就是行动力特别强的你。

接下来，请记住几句口诀："戴九履一，左三右七，二四为肩，六八为足。"再在刚才的格子里面写上伏羲式的先天八卦"天地水火雷风山泽"，你很快就会知道，我其实是想让你在动起来的过程中掌握一套全域八卦IP系统方法论。

假如你想要打造个人IP，首先要行动学习，其次可以用全域八卦IP系统方法论进行复盘。全域八卦IP系统方法论的精髓在于将传统的《易经》智慧与打造个人IP的策略相融合。

我逐一为你解读这八个要素的深意。

天（定位）：就像古人观天象以决策，定位是成功的先决条件。一个清晰的定位，能够让我们的努力更有方向，避免盲目的辛苦。

地（运营）：地代表耕耘和基础，好的运营能够让梦想在现实的土壤中生根发芽。运营不仅是策略的执行，更是细节的管理和自律。

水（用户）：水是生命之源，服务用户是成功之本。我们要学会倾听用户的声音，理解他们的需求，永远不低估用户的判断力和选择权。

火（产品）：火代表热情和力量，课程是讲师的核心。只有用持续燃烧的热情去迭代课程，才能吸引用户，提供真正的价值。

雷（内容）：雷霆万钧，内容需要具有冲击力。在信息爆炸的时代，只有具有独特性和吸引力的内容，才能在众声喧嚣中脱颖而出，引人关注。

风（流量）：风无形而无所不至，流量则是新商业时代的生命线。我们要学会在不失品位的前提下，让流量像风一样穿透每一个角落。

山（道场）：山代表稳固和修为，我们把培训现场视为道场，把微信小程序当作陪伴的道场，道场也是我们自己学习和成长的圣地。只有站稳脚跟，才能让学员信赖和依靠。

泽（变现）：泽水而居，滋养丰润，变现则是水到渠成的事情。为使命而非单纯为了金钱工作，才不会涸泽而渔。

每个人的领悟力不一样，行动力不一样，学习成果也当然会不同。

我要告诉你的是，我把自己的 TTT 培训单课做到有 3000 万元营收的过程，其实就是不断迭代全域八卦 IP 系统方法论的过程。也许你已经是一个 IP，又或者对 AARRR 模型（用户生命周期中的 5 个重要环节）很熟，对私域浪潮式发售也不陌生，但我想说的是，多数人的讲台梦止步于卖课，要学习就要躬身入局，行动学习，你会创造出属于你自己的传奇。

我相信，每一次的努力都不会白费，每一颗种子都有成为参天大树的潜力。

> 想让自己的时间更有价值，就必须掌握专业技能和创造力。

友者生存1：善用贵人杠杆

掌握健康财富心力认知法，活出精彩人生

■ 梁文婷

NLP智慧赋能导师
加拿大心理学协会会员
金融理财师

我是一个与钱打交道多年的金钱能量研究员,从20世纪90年代就开始管理6位数以上的金融账户,在海外学习、工作了14年,曾致力于心理教育研究工作,在不断体验中西方文化差异的同时,我也不间断地与金钱磨合,一方面享受它带来的生活便利,另外一方面也感受它对一个人的磨炼和心智塑造。与其说父母花了8位数投资在我的个人成长上,我更喜欢说:"父母投资了8位数,让我学会与金钱相处,让我成为健康财富能量认知系统的研究员,使我掌控了金钱能量,拥有健康财富心力,获得持续的被动收入。"

曾经我也有过每天打三份工的经历,早上7点就开始工作,陪同幼儿玩耍锻炼,中午在中餐厅当服务生,傍晚再给自闭症儿童做行为干预治疗,一个月辛苦赚的钱还不够还房贷。

事实证明:**以出卖体力为代价换取的报酬是廉价的,也不是长久之计**。想让自己的时间更有价值,就必须掌握专业技能和创造力。因此,我后来埋头死磕研究项目,终于申请到加拿大科学研究经费,也获得加拿大大学研究院的工作机会,因此有幸参与了多个科研课题,包括消费者营销心理及行为、同理心和正念认知法等,不断钻研人们的心理认知以及正念空间认知。

回国后,因缘际会,我加入了金融行业,在这一行深耕了十几年,我发现财富的齿轮与人的能量是有绝对关联性的。你应该听过这句话:"抓住风口赚到的钱,会因认知不到位而亏掉。"

很多人以为认知是指知识和学习,我必须在这里纠正一下:不是认知,也不是知识,导致你留不住财,而是你的内在能量不足,无法承载财富。《易经》中的坤卦记载厚德载物,人的能量容器与其行为和品德有关,一个人越有修为和好品德,越能获得德财。我看见过不

友者生存 1：善用贵人杠杆

少富二代因为德不配位，把创一代辛辛苦苦积累一辈子的钱败光，还欠下千万元的债务；也见证了很多白手起家的企业家和高管靠自身的优势和机遇积累了大量财富，在他们身上能很明显地看到金钱能量的正向循环和流淌。那种能量磁场能感染他人，甚至能感召他人奔赴美好生活。

你或者想说，这是命运，是命中注定的安排，无法复制！但我要告诉你的是，这是可以复制的，而且不少人因此而改变命运。在《你生而富有》这本书中，作者鲍勃·普罗克特阐明了每个人都天生富有，上天给予我们生命，是为了增添人世间的精彩，为什么有些人的生活七彩斑斓，有些人就经历千锤百炼，原因是有些人掌握了金钱能量的认知，把内在的健康财富金币引擎激活，懂得金钱能量的系统运作，财富就自然源源不断地过来。

对，这里说的是系统，无论是西方医学的生理知识，还是博大精深的中医理论，所有学科都有一套成熟完善的系统体系。

Space X 和特斯拉的创始人埃隆·马斯克经常说他了解世界和攻克难题时运用的是第一性原理。第一性原理主张用物理学的思维看待及分析问题，透过现象看本质，目的是让人们在探索知识的过程中追寻事物的本源。在现实生活中，第一性原理就是打破认知的藩篱，回归事物本源去思考基础性的问题，在不依靠外界事物的情况下，从自身的本源出发，激活内在能量。

或许你还是有疑惑，我分享几个具体的案例，帮助你理解。

考虑到个人隐私，我就不在这里说出案例中主人公的真实姓名，但我可以分享他们在学会健康财富心力系统后的收获。一个外企管理人员对工作要求特别高，做人做事很认真，无形中织了一张像捕鱼用的黑网，适逢他调岗管理新的团队，各种状况导致他的内在顺序失调，工作效率和家庭关系都受到严重影响。当他找到我的时候，我看到的是一个错乱泄气的金币齿轮。对，就像一个在黑暗中被丢在地上的铜板，感觉怪可怜的。我给他的建议是健康财富认知调频：向内求修身正己，亲自带着团队一起干，亮本事，以才服人。带领新团队需要给自己和团队时间来适应，谨记欲速则不达，同时也要了解团队各成员的心思。得人心者得天下是千百年来的兵家制胜之道，作为领军人，一定要明白：团队就是自己的财富杠杆，激活团队的潜能等于盘活自己的聚宝盆。购买我的咨询服务后不到一个月，他就带来好消息了，他的团队拿下了一个千万元级别的大项目，他兴奋地说大家的年终奖基本上有保障了！根据我的咨询建议，他及时调频，迅速摆正态度，团队士气和凝聚力马上提升上来，所以他很感谢我，说能遇到我是他的福气。其实，能成事的人只要能在对的时间遇到彼此，那事就一定能成。能跟他结缘也是我的幸运，吸引力法则表明：同频共振，相互助力，轻松获得。

如果与人共事太艰难的话，那就是磁场不对，要尽早离场。这是我一次投资失败的深刻感悟。**赚钱不应该太辛苦，太辛苦是不对的。因为钱只是我们的生活工具，如果连拿工具都那么艰辛，那一定是有地方出错了，有可能是方向，有可能是环境，也有可能是自身的定位，要好好思考一番。**

我再分享我的一位来访者的故事，她是一位高知"海归"的妈妈，家业庞大，与先生的分工就是传统的男主外、女主内。那一年，大宝临近高考，情绪出现问题，与她的关系特别恶劣，一刻也不想与她在一起，碰一下都会有激烈的抗拒，她觉得非常受伤。作为一位母亲，我能感同身受，尤其是自己一手带大的孩子，突然那么排斥自己，哪能不伤心？同时，她的一笔百万元的投资也在这个时间段出现问题，很可能会亏本。在双重打击下，她觉得自己快要崩溃了。经朋友介绍，她认识了我。听完她的情况，我给她的分析是能量金币齿轮错位，导致她出现家庭关系和财富问题。齿轮错位就会出现缝隙，有缝的地方就会有东西流出，亲子关系和钱财关系就受损了。她跟我学习健康财富心力，通过不断自我察觉和练习，她跟孩子的紧张关系很快就得到缓解，而且还在处理那笔失败的投资时，遇到了一个靠谱的合伙人，一起开展了一个新的项目，预估收益非常可观。

说了这么多，你一定好奇，怎么才能拥有金钱能量系统？其实这个系统是我们与生俱来的，天生自带的，只是我们出生时没拿到使用说明书，所以不知道怎么用。有些人靠几十年慢慢摸索出一些规律，有些人则完全忘记了这套系统，而我是经过多年对心理学和金融学的钻研，再加上自身不断的实践和验证，得出了一套认知法则。

健康财富心力认知法是我深耕心理研究、神经语言逻辑系统和金融学 18 年后总结出来的一套认知系统。认知发展理论是由皮亚杰博士提出的，早期该理论应用于学习认知方向，致力于提供优质的教育。后来，阿尔伯特·艾利斯经过深入研究，发现认知疗法对人的情绪和行为有很明显的正向作用，得到疗愈社群的一致肯定和普及应用。认知疗法也是目前最有效的疗愈法之一。

"**独乐乐，不如众乐乐**。"假如你身边有人对这个话题感兴趣，你可以把这篇文章分享给他，让他跟你一样获得精神的富足。

最后感谢你阅读本文！祝你生活愉快，心想事成！期待与优秀的你结缘！

> 形象管理是一门学问,也是一种技术,更是一种生活的态度。

友者生存1:善用贵人杠杆

衣橱规划美学,让你更有形象影响力

■ 刘公子

中国7维衣橱规划体系首创者
私人衣橱规划师、培训认证导师
莲之光美商教育平台创始人

友者生存1：善用贵人杠杆

大家好！我是刘公子，中国场合衣橱规划行业的首创者，累积培养了2000多名形象管理师，帮助了200多个商家获客盈利，致力于带领一万名女性成为行业标杆人物，过上物质与精神双富足的生活。

随着时代的发展，越来越多的朋友知晓了形象管理师职业，但今天，我向大家透露一个可能会让业内掀起风浪的秘密：以往的形象管理方法论并不能够真正解决客户的着装形象问题。

我们先一起来做个探讨：形象管理的底层逻辑是什么？先了解一下55387法则，它是指一个人给别人留下的印象，其中55%取决于视觉，包括仪容仪表、仪态表情等；38%取决于听觉，也就是说话声音，包括语速、语调、音色等；最后的7%取决于内容，也就是一个人的核心观点、逻辑和措辞。

从以上数据不难看出，**一个人想要给别人留下好的印象，主要取决于外在形象**。想要提升外在形象，通常可从以下几个维度着手。

首先，了解自己的先天条件，就是自己的色彩、风格、体型，即皮肤、五官、身材。想要改变身材，可以通过健身塑形慢慢调整。随着医美的发展，五官和皮肤同样也是可以修饰和美化的，但是耗费的时间比较长，唯有着装可以迅速改变一个人的外在形象。

其次，考虑社会身份、场合。在不同的时间、地点、场合，需要搭配不同的穿着，才能体现自己的气场与气质，这是尊重他人以及自我尊重的人际交往学。

还有很重要的一点，就是你内心的需求与想法，即你希望把自己打造成一个什么样的人，用色彩、质感以及妆容等去表达自己内心的丰富想法。

形象管理是一门学问，也是一种技术，更是一种生活的态度。你的衣品就是一张无声的名片，它先于你的技能走到别人面前。**你穿得**

随意，别人会觉得你层次不够；你穿着得体，别人才会觉得你很重要！所以，形象关乎人生战略，与人生规划同等重要！

随着大众对外在形象的需求越来越大，各种形象美学线上线下课程应运而生，很多素人改造也让大家看到了希望，更有各种穿搭直播间为人们解决衣服选购的问题。但是为什么大家花了那么多钱，仍难以改变形象？为什么学了各种美学课，仍没气质？甚至很多人做了素人改造，也只是依赖形象顾问的技术，暂时美成明星范，回到家后，还是做回了灰姑娘。其实，以往太多的形象管理都走了一条弯路，以往体系的方法论以及创业模式是没办法让客户一劳永逸的，也没办法为形象行业的良性发展起到促进作用。要么就是内容不够系统、方法无法落地、工具太多，要么就是改造浮于表面、蜕变只是暂时的、治标不治本。那么，到底有没有一种方法能够从根源上去解决问题呢？答案是有！

这就是我推出的符合当下新女性、能够真正实现省时省力省钱的高维版形象管理，我把这个职业叫作私人衣橱规划师。它区别于过往的形象管理师只解决人与衣之间的匹配度，帮你穿对最佳用色与找准风格特征，结合你的身材、脸型与内在需求，去制订你的最佳形象方案；它也区别于服装搭配师，仅仅只解决服装与服装之间的搭配关系。这是一个能够把形象管理、服装搭配、场合着装、衣橱规划四大系统深度融合的新兴职业，能够真正从根源上解决客户的着装形象问题，更重要的是它能够跨越周期。科学、高能的衣橱规划能够让你不管在什么场合、不管在什么季节，都应对自如。

问大家一个问题：场合着装是否有必要？

很多人认为自己很会打扮，可是展示出的形象与自己的身份毫无关联。工作的时候为什么要穿职业装？因为服装是一种角色暗示，是一种心理支撑，时刻在提醒你是谁、你该做什么，让你更好地融入这个角色，帮助你的能力得到更好的发挥。职场上的穿搭，它的作用是迅速建立你的身份标识，获得认可。客户通过你的衣着打扮，就已经判定了你的专业度。这不是势利，而是人类的惯性认知。

当着装在某个场合中不得体的时候，就是种越界。比如，你在一个正式的商务场合，打扮得过于性感暴露，就会让别人有不适感；你参加别人的主场晚宴，打扮得过于隆重张扬，喧宾夺主，就是一种不礼貌、不尊重对方的行为。而当你着装得体，掌握了如何为目标而穿衣之后，真的会给你带来更多机会！

服装是身份的标志，是助力你达成目标的工具，一定要学会根据不同场合来转换自己的形象。当个人的身份定位清晰时，服装就是你加分的砝码！

接下来，我们再来探讨为什么要做衣橱规划？

衣橱是每个女人最享受的空间，但很多人面对衣橱的时候，却感觉很烦恼：衣橱塞得满满的，出门却还是无衣可穿；在搭配上很纠结，总是询问身边人的意见；在重要场合依旧找不到合适的衣服……

你可能还没意识到，根源在于这杂乱的衣橱，它正在悄悄挤走你的空间、偷走你的时间、破坏你的心情、消耗你的能量，所以，管理不好衣橱的人，如何能管理好自己的人生？

家是港湾，不该成为一个错落无序的储物室。衣橱直接反映了你的生活层次，决定了你的阶层，它藏着你的生活品质。

形象管理的终点，是衣橱规划。衣橱规划是一个自我完善和接受的过程，更是一个发现美和超越美的过程。每一个女人都应成为自己的衣橱规划师，成为家庭的衣橱规划师。

如何科学建立衣橱形象？用更少的钱穿出更贵的效果？下面我跟大家分享衣橱规划的七大魔法。

魔法一：了解四大衣橱雷区

衣橱雷区一：追逐流行，赶时髦

越是流行的单品，可能过时越快，时尚经典的单品才能经久不衰。

出坑指南：时尚经典款＋带潮流元素的单品（如小黑裙搭配带有流行元素的单品）。

衣橱雷区二：根据喜好乱穿衣

喜好不等于适合，是你穿衣服，不是衣服穿你。
出坑指南：找对颜色，穿对款式。
分享秘诀：肤色决定颜色、脸型决定领型、体型决定款型、品味决定价位。

衣橱雷区三：重数量，不重质量

10件随便买的衣服顶不上1件适合自己的高品质衣服。
出坑指南：不买多，只买精。无衣可穿，不一定是衣服少，而是各场合适合穿的衣服比例不对，品质衣服更能带来好形象。

衣橱雷区四：忽略搭配方程式

出坑指南：学习一衣多搭。

魔法二：掌握三个衣橱里的经济学

它们分别是合理规划买、科学断舍离、购买清单规划。重点分析一下合理规划买。

购买有顺序：先买主要单品，再买辅助搭配品；少买流行款，多买百搭基础款。

穿衣做加法，一件必须可以搭三件；买衣服做减法，不能和原有衣服搭配的不买；跨季穿衣做乘法，多买能穿三季的衣服；计算价格用除法，计算衣服的使用率。

魔法三：巧用单品管理

核心原则：实穿性＋互搭性。
科学比例：70%－80%的基础款＋20%－30%的设计款。

魔法四：玩转一衣多搭

围绕主要单品来搭配，比如根据场合、色彩、有限单品做胶囊衣橱的配置方案。

魔法五：形成场合逻辑思维

根据日常场景，划分适合自己的场合衣橱比例。

魔法六：掌握配色的 6 大方法

1. 基本色（黑、白、灰）＋基本色：根据肤色与场合目的来搭配。
2. 基本色＋基础色（米色、咖色、驼色、藏蓝色）：简约中带高级感。
3. 基本色＋有彩色：有彩色可以从小面积开始尝试。
4. 基础色＋有彩色：丰富中带高级感。
5. 彩色＋有彩色：色调和谐，冷暖和谐。
6. 花色搭配：取花色中的一个颜色，来放大面积。

魔法七：妙用风格管理

掌握自己的风格，认识服装风格，在不同场合展示自己形象的多样性。

所以，普通人出门前：
左选右选纠结选，试来试去堆成山，勉强穿搭，焦虑出门。

衣橱规划师出门：
打开电子衣橱，找到对应场合，选择搭配方案，轻松穿搭，快速出门。

普通人买衣服：
逛了一天没收获，筋疲力尽不甘心，为了买而买，既不好穿，又不实用。

衣橱规划师买衣服：

打开购衣计划清单,目标明确,科学采购,合理消费,收获满满。

普通人穿衣服:

3件上装+3件下装=3套,商场里怎么搭好的成套衣服,买回来还是怎么搭,完全不考虑一衣多搭,3套就是3套。

衣橱规划师穿衣服:

3件上装+3件下装=9套,因为已经做了全体系搭配方案,根据自己的色彩、风格、体型、脸型、社会角色、场合需求、心理需求,形成了专属于自己的一衣多场合多风格的搭配系统,所以可以用乘法来计算。

衣橱规划美学并不是一门浮于表面的学问,它是一个向内探索、向外呈现的学问。

在这不断变革的新时代,女性角色越来越多元化,女性不仅是新时代的创新力量,更是推动时代商业增长的核心价值人群。层次越高的圈子,越注重衣着、仪态、谈吐,借此考量一个人的社会地位、事业、知识水平以及生活水平等信息。形象影响力是各界女性最重要的影响力之一。中国女性从小缺乏美商教育,90%的女性没有系统学习过它,导致了女性盲目追求变美的市场乱象。而随着中国全民审美意识的兴起,为中国女性普及美商教育的场合衣橱规划师应运而生,让中国女性的美具有形象影响力。

审美是未来十五年最大的红利行业之一。如果你想脱胎换骨,重塑生命价值,欢迎你一起成为行业推动者,将爱的接力棒传出去,让每一个遇到我们的灵魂都闪闪发光。

> 因为留学这块跳板,我越跳越高,成为最年轻的校长和品牌创始人。

留学是人生的跳板

■ 留学校长 K

校长 K 的留学圈访谈主理人
青年创投商会会长
微享国际购平台创始人

友者生存 1：善用贵人杠杆

我是留学校长 K，迄今为止，我创立了微享国际留学（服务了上万名学生）、IKAWOO 美妆品牌、微享国际购商城、EMO TEA 情绪觉茶茶品牌，全网粉丝数有 30 多万。

都说选择大于努力，我人生最重要的一次转折，是因为我选择了留学，那年是 2014 年。因为我是留学的受益者，所以我创办了微享国际留学，希望帮助更多有梦想的人通过留学的跳板实现逆袭。

我高中毕业于江苏省启东中学，在进入这所高中之前，我经历过转学和复读。青春期叛逆的我，不能理解为什么要转入当地最好的高中，更不能理解高考意味着什么，就这样进入了高考的考场，很遗憾地与名校失之交臂，然后才幡然醒悟，开始了对自己人生的思考。

在那个暑假，我的留学决定改变了我人生的方向，命运的齿轮悄然转动。

留学，成了我一路飙升的跳板

没有人会因为一次失误而永陷深渊，就算是高考发挥失误，也是这样。一条路走不通，何不换一条路呢？为自己的未来寻找方向的我，看到了前辈们走过的路——留学。

当一个人内心真正想做一件事的时候，就会全力以赴。有了留学的想法后，我毫不犹豫地开始了行动，我选择了北京的一家知名留学机构，进行留学前的语言学习。因为我留学的目的地是韩国，所以我进行了韩语的学习。依旧记得开学第一天，一向内向的我不知为何鼓起了勇气，举手请求当学委。虽然这只是一件小事，但从小到大一直被别人评定有没有能力做成一件事的我，第一次靠自己的主动努力，换来了想要的结果，这小小的正能量在我心中生根发芽，一发不可收。因为这个头衔，我每天主动自习，成为一名"学霸"。班里很多同学不太愿意去班里上课，就总在下课后的咖啡厅里让我帮忙补课，我也研发出了韩语高效学习教案。

如愿以偿，我考过了韩语中级，也开始了对新学校的憧憬。然而天有不测风云，因为留学中介的失误操作，原以为已经被韩国梨花女子大学保录的我，没有被录取。当时的我只能再等半年申请，或去稍微差一点的学校就读。内心要强的我想要选择等待，但在老师和妈妈的劝说下，我放弃了。明明非常努力，却没有得到想要的结果，我的内心受到了创伤。回想起留学中介的失误，我开始研究留学申请，发现了国内外留学中介的信息差，一个小小的愿望在我心中萌发——我要帮助大家打破信息差，最大可能地实现名校梦。

我的第一个创业项目——做留学服务中介就在这样的动机下开始了。

刚到韩国时，我的微信好友只有200多人，都是同学、家人、朋友。除创业之外，我还有一项工作，就是帮国内的同学们代购。我将帮他们代购的商品整理到一起，去邮局打包，寄给他们。因为我的诚信，客流量逐渐大了起来。那时的我对一切都很积极，什么都想试一试，于是我尝试了微商，做起了总代，学习营销和培训。用三个月课余的时间，不仅培养了140多个代理，并且收获了有4000多个微信粉丝的私域，就这样挣到了人生的第一个100万元，也是我创业的第一桶金，让我可以去做关于留学平台的创业。

从0开始，成为帮助万人成功留学的微享国际留学校长

这一时期的我非常繁忙，除了学习以外，还要管理代理团队，我

友者生存 1：善用贵人杠杆

每天晚上只能睡不到 5 个小时。经过权衡后，我选择把重心放在留学这件事上。在做留学服务的过程中，通过一点一点摸索，我了解到申请学校前的语言能力是大部分同学的硬伤，正巧用到了我之前在学韩语时候研发的高效率学习韩语的教案。一般来说，学生去语学院学习韩语可能需要 1 到 2 年，而用我的教案，可以在 3 到 6 个月内考出级别，而最重要的是这套教案让学生的过关率高于 98%。

从 0 开始是最难的，最初我们为了吸引客户，每周五会开设一期免费的韩语课。随着口碑越来越好，一些慕名来学习韩语的学生，如果还没有找到合适的留学服务，就会来找我们进行签约，而已经签约的学生则会把身边的同学推荐给我们。因为有些国内机构的服务明显不够用心，很多学生已经达到一些好学校的申请标准，却因为国内外的信息差，只能再等半年或者上一般的学校，于是很多学生就会来找我们做二次申请。当时，我经常跟学生们说的一句口头禅是"如果平时学习、生活中遇到任何需要帮助的地方，都可以随时来找我们"。

就这样，我们态度真诚、说真话，并鼓励学生申请自己能力范围内可以申请到的最好的大学，就有了好口碑和转介绍效应。

大三的时候，学生可以申请交换留学和转学，因为韩国排名第一的首尔大学不接受任何外国人插班，所以我申请了排名第二的高丽大学（后文简称高大）。高大的商科当时只录取了 3 名外国插班生，我很幸运地成为其中一人。我尽自己所能，用 3 个学期把 5 个学期的课全部修完，并且在刚转学后就参加了学校的创业大赛，我用所做的韩国留学平台项目参加了比赛，这一项目帮助我拿到了第一名。我们也打破了纪录，成为第一个进入十强后还能拿到最优秀奖的中国团队。我们拿到了一笔奖金，并且让创业公司成功入驻了学校，被学校官网的新闻报道。就这样，我们有了学校的官方教室场地，业务发展速度更快了，没几个月，我们的知名度和口碑就进入了韩国当地机构的前三名。那时，我们最多同时开设了 18 个韩语班，给我们的学生上课。

创立美妆品牌 IKAWOO

当时，我参加了韩国政府组织的一些创业活动。在外国人企业家支援中心里面有专家团队免费全面辅导，我接触了韩国的进出口贸易，每年会以韩国馆中国区域负责人的身份到上海进博会、广交会、香港进出口展览会等出差，因为做出了很好的出口业绩。在 2017 年首尔贸易中心的年会上，我获得了"外国人企业家出口支援最优秀奖"，在那场有 500 多个韩国知名企业家参加的年会上，只有我一个人是中国人，也是全场最年轻的。这些经历让我有了新的想法，在主营留学业务的同时，又创立了美妆品牌 IKAWOO，第一款产品是韩国的面膜，进入中国市场后，很快有了很多渠道代理订单，我回国后又做了国产口红系列的产品。

就这样，在大学即将毕业的时候，我又面临了像高考后那样需要做选择的境地。教授们认为我是个创业人才，说我如果不搞科研，扩大创业规模是最好的，读研不着急；但父母认为，读硕士是最基本的，我必须连着读完，才能让我自由创业；而创业专家的建议是，只要是我想做的，任何选择都是最好的；好闺蜜说，韩国太小了，世界很大，出去看看可能对我更有帮助。最终，我选择了去澳大利亚，拿自己当留学申请的测试品，把澳大利亚八大名校的录取通知书全部拿了一遍，突然发现了"新大陆"，果然很多经验是相通的。

创立 GSI 全享英国留学平台

在澳大利亚时，我向当地的留学机构学习，最后我去了最快只需要一年就能硕士毕业的英国读研，选择了企业家和创业相关的专业，用一学期学写 BP（商业计划书），拿了全班最高分。与其他同学不同的是，我边上课边实践，真正按照商业计划书，找了 10 位留学生同学，做了一个留学生平台，类似于美团，并用 3 个月的时间吸引了几万学生流量。我们创建了一百多个社群，后来因为疫情被迫回国，该创业项目获得了教育部的"春晖杯"奖。回国后，我通过了上海高层次人才评定，顺利落户上海，在上海继续创业。除主营留学业务外，我还创立了新中式茶品牌情绪觉茶 EMO TEA。我的留学服务主营英、澳、韩 3 国，已经帮助超过 1 万名留学生进入世界名校。

没有做不成的事，只有不想做的事

我的梦想是成为一家上市公司的 CEO，然后专注于做公益。正是因为这个梦想，我在创业路上每次遇到挫折时，都会有源源不断的自驱力和正能量。我的人生因为留学而发生了改变，留学让我获得了各种机遇。因为留学这块跳板，我越跳越高，成为最年轻的校长和品牌创始人。

留学，就是出去看世界。我经常告诉学生们一句话："过去的经历都是过去式，你要相信从现在开始，你可以找到内心真正想做的事，并且可以实现。如果有可能，就去申请排名最靠前的学校。因为留学没有年龄的限制,只要你愿意给自己一个机会,就可以给自己的人生一个跳板。"

最后,我想分享我的座右铭:**"没有做不成的事,只有不想做的事。"**

> 这世上没有任何一句话，可以让你醍醐灌顶。真正让你醍醐灌顶的，是一段经历。

从私域操盘手，到生命成长操盘手

■ 麦子

千万级全域商业顾问

个人成长教育操盘手

中国 TOP 50 名师（与樊登等同榜）

北京大学特邀私域讲师

欧莱雅、周大福、酒仙网等多家企业私域商业顾问知止而后有定，定而后能静，静而后能安，安而后能虑，虑而后能得！

——《大学》

这两年，无数的客户和学员给我发私信，问我去哪里了，怎么不直播和更新朋友圈了。这篇文章将向你介绍我在消失的两年里，都做了什么，希望我的经历能给你带去些许启发。

两年前的今天，我在北京新中关大厦的录影棚里录制完为如新（中国）量身定制的 25 节集团私域课的最后一节课，在摘麦下台的那一刻，我两腿发软，眼前一黑，扑通一声晕倒在地……

后来发生了什么，我不知道，但是我知道，在这之前，我已经连续通宵近两个月，一直在为如新（中国）研发、制作、录制集团私域课。

因为我在北京大学进行了连续两天的私域分享，让如新（中国）的培训总监深受触动而与我签合同，让我为他们研发私域课，同时进行的，还有受周大福邀请开发的 20 节集团私域课正在收尾，我还带着团队给车享家制定了半年度私域操盘方案，跟联想集团营销负责人核对集团营销年会上我作为嘉宾上台分享的事宜，又把去博商连续两天录制的课件认真梳理完毕。

我醒来的时候，头痛欲裂，又记起下午约好的中国建设银行的会议，助理不断强调，我们已经跟建行那边说了我身体不舒服，改到下周了，今天是周末，我可以好好休息，放一天假。但这一休息，我就再也没起来。从那之后，我的身体极差，晚上感觉身上冷热交替、成宿不眠，气血亏空到极点，不能思考，不能工作。好多项目来找我，我连出去开会的力气都没有，我对自己的状况感到既崩溃又无奈。大概持续了一个多月，家人强烈要求我暂停事业，先好好养身体，所以虽有百般崩溃、万般不舍，但我还是跟当时的合伙人提出了退出公司的想法。这一退就是两年，至今还没回去。

在跟自己的战争中休战，拉起自己的手看星光

临走的时候，我哭了，我恨自己的身体耽误奋斗，我怕自己的名气灰飞烟灭。长我十多岁的合伙人说："看到你就想起了十多年前的我，不放过自己，不懂得如何爱自己。"我对她说的诸如爱自己的内容，只觉得矫情，但是我好奇她是怎么从原来的状态中走出来的，她说："就有一天，我接纳了，很多事情，我就是无能，我就是不行啊……"这个答案让我很失望，我心想：啊？你用了十年的时间，就想明白这个道理？承认自己不行，这也太软弱了吧……但两年的心性成长学习让我发现：这是真理，我早该听取！

是的，我是一个从小跟自己死磕、对抗的孩子，只因为家境贫寒，在倡导"努力、优秀"的传统应试教育背景下成长。当然，也得益于此，我取得了人生第一阶段的成绩：26岁时，我毅然辞职创业，年入千万元。

我被称为千万级私域变现操盘手，研发的4套私域系统课在全网20多个平台成为爆款课，其中1套就卖了15万份（价值大概是1500万元）。因课程销量和好评度，我被评为2019年知识付费名师Top50，与刘润、樊登、蔡康永、吴晓波等前辈同榜，还去北大进行私域授课，先后为欧莱雅、周大福、顺丰、阿里巴巴、方太、上汽、中国建设银行、环亚集团、美宜佳等企业进行私域内训或操盘，受邀为腾讯企业微信、微盟、周大福、康宝莱等开发集团私域课。

退出公司后，原本要休养生息的我，发现根本做不到，我每天极其焦虑，我焦虑身体怎么还不好，我思绪纷飞，有好多创意和想法，但是动不了。为了逃避这种低落的状态，我没日没夜地刷手机。

后来，我在知乎看到一篇文章，完全剖析了当时的我：

戒不掉手机的底层原因是身心的能量太弱了！

身体容易疲劳，精气神不足，所以需要放松。如果直接睡觉，又缺少安全感，内心一直被恐惧追着跑，不敢静下来，所以通过刷手机来分散注意力。而学习和工作是需要精力和心力来支撑的，当精力和心力不足的时候，身体和心灵就会抗拒干活，这个时候就会觉得很烦躁，想学习，学不进去；不学，良心又不安，然后进入焦虑状态。为了摆脱这种焦虑的感觉，就会通过消遣来缓解身体和内心的难受，但是虚度了光阴，良心又不安，恶性循环让整个人生进入激烈的内耗、拉锯状态！

当你身体和内心没力量的时候，不要考虑钱、事业。

当身体和内心的能量不够时，它们是不会帮你干活的。你一想干点什么，你的身体、你的心就会自动抗拒、自动罢工。就算你逼自己干，也就只能坚持十天半个月，然后彻底熄火。一件事要做成功，要有体力、心力、愿心。只有愿心，我想要这个，我想要那个，可是身体和心灵都在生死边缘挣扎了，如果不管它们的死活，不去疗愈内心，必死无疑！

看完这篇文章后，我恍然大悟，**原来我需要慢下来，先把体力和心力提升起来**。

我屏蔽了所有的商业群，退出了所有私董会，拒绝一切商业活动和社交，把所有手机关机，收起所有的职业装，买了一些花花绿绿的休闲装和耳饰、发饰，让自己回到纯粹小女孩的状态，与世隔绝，跟自己在一起，呼吸与放松。我告诉内在的自己：**不管你现在有没有成绩，都是我的一部分，在我这里都是平等的**。

生而为人，生而事人

后来，我去单其武老师的学院进行系统性的学习，开始了对人这个物种的认识和思考。

在看了大量案例和问自己无数次"活着的意义到底是什么？"之后，我深刻地认识到：**人生就是一场修行**！

每个人在一生当中，都会遇到或大或小的烦恼或痛苦。在过去，我总想有一天跨过去就好了，总希望一帆风顺，但经历了这么多后，我突然醒悟，烦恼和痛苦不会消失，它们将伴随我们的一生，它们存在的意义就是让我们觉醒，借烦恼和痛苦修得的智慧，让自己成为更好的人，获得智慧，升华人生。

这世上没有任何一句话，可以让你醍醐灌顶。真正让你醍醐灌顶的，是一段经历。这段经历最好是痛苦的，因为人都追求离苦得乐，体会过痛苦，才会更有动力走上人生2.0阶段的升华之路！

信念决定行为，行为决定结果！一个人的信念不变，同样的事情会持续发生，结果会持续上演！如果我还跟以前一样，活不明白，只为成绩而活，不为幸福和快乐而活，可想而知，即使我身体好了，投入事业中，我还会拼到崩溃倒下，那时候，很难想象我会得怎样无可救药的病。

我们从小听到的声音和受到的教育是要"优秀"，大部分人从3岁上幼儿园到25岁硕士毕业，大概有二十多年的时间在学校，而学校是一个以学习成绩论英雄的地方，所以我们人生1.0版本的信念是优秀、努力、比拼！并且所有人都认为，学生就要好好学习，所以他们也用"优秀"这个唯一的指标来衡量和要求我们。

正如我的好朋友舒丽在她的文章中写的："其实这是一个巨大的陷阱，会让我们永远痛苦，永远觉得自己不够好。只有当我们成为某个人或做成某件事时，我们才觉得自己有价值，才会爱自己，以自己为荣，才能被人认可和接纳。这就让我们努力从外部世界里寻找归属感和认同感，如果这个孩子懂事，并且总是被当作榜样，那就更惨了，还会增加一个动机——追求卓越。所以就会产生对自己无止境的逼迫！"这就是一个人在人生 1.0 阶段大部分痛苦的来源！

如果一个人不曾意识到是自己的信念出了问题，不曾思考过自己来人世间到底要怎么活，就会无止境地痛苦下去！除非走上一条自我觉醒和修行之路，才会重拾幸福和快乐！所以，大部分没有进行过学习的人，都在祈愿、逃避，或碰运气。这段婚姻不好，希望下次能碰到好人；这次领导不好，要赶紧离职，去下一个公司……

学不会内求的人，永远在向外低水平重复，直到觉醒而改变，或者痛苦地走完一生。作家素黑感叹："大部分的痛苦，都是不肯离场的结果。没有命定的不幸，只有死不放手的执着。"恰如生活不易，有人能借此修行，自我疗愈，在困厄中破局，在逆境中重生；有人却画地为牢，在不甘中沉沦，在痛苦中摇摆。

人真正的强大是允许一切发生，在一切中，看见自己，借此修行，自渡渡人。

修行是必然，然而初入道行的小白，却懵懵懂懂，听了很多课，学习了很多，却不成系统，甚至迷失了自己。这些课程内容的质量参差不齐，我最开始也上过一些课，有的强调"松空净"，让我迷失了自我，在很长一段时间内没有目标和追求，只陷入美好的感觉中，现在看来其实是一种逃避；也有一些课，强调强者信念，"打鸡血"，拿目标，但又回到了随波逐流、以成绩论英雄里，这两种偏执理念都不可取。

后来，我明白，你不需要削发为尼才是修行，也不需要出家离世才证大道，就在人世间，在滚滚红尘中修炼，依然热爱生命，依然被理想点燃，只是不再逼迫自己，享受其中，活得中正而调和，气象高旷，而不疏狂；心思缜密，而不琐屑；趣味冲淡，而不偏枯；操守严明，而不激烈；活出不执一端的淡泊与风清！

体悟到这点后，有一天，我看到学院墙上的话："生而为人，生而事人！"

内心一颤，我仿佛找到了我的人生使命！我做了个重大的决定，我要从私域操盘手转型为生命成长操盘手！

从私域操盘手到生命成长操盘手

人口红利已无，人心红利已来

我相信在任何商业赛道上，大家都已"卷"得喘不了气了。拿电商来讲，950万家淘宝店，盈利的只有90万家，连10%都不到，为什么会有这种发展的瓶颈？因为过去我们都在用流量思维。流量思维不关心用户是谁，只关心用户在哪，但是中国已经没有人潮了，任何赛道，该被覆盖的人群都已经覆盖到了，所以大家只能"卷"！

流量思维带来的结果就是无论你的物质条件怎么样，你都在"流浪"，即使你住在别墅里面，也在"流浪"，因为你的心很孤独。想必很多人体会过内心的焦虑与痛苦，每个人都需要情绪的出口，每个人都需要情感的归宿，每个人都在寻找自由和真爱。

中国的人口红利期已经过去了，但是人心红利期刚刚开始。

在过去，在任何赛道，都是"卷"产品、"卷"服务……"卷"到死依然是买卖关系，不长久。未来，在任何领域，你只有学会将买卖关系变为朋友关系，才能筑造真正的商业护城河！

怎么做？这里有个关键点，就是你要从研究产品进阶到研究人！

举个例子，如果你做美学方面的创业，把大家聚在一起开沙龙早就过时了，但是如果你能引导大家分享秘密，彼此成为好闺蜜，还能在谈吐间体现你的人生智慧，在用户出现了问题的时候，你能给予心灵指导，你就非常具有感染力和人格魅力，这是你的核心竞争力！所以，我要带领大家走上智慧之路！

比私域操盘更重要的是人的操盘

过去的自己，教商业，教私域，帮助别人赚钱，但一个人如果不在心上发力，那么赚再多钱也会陷入焦虑，所以，比私域操盘更重要的是人的操盘。我想做接力型教育，助力生命成长，我想这比我教商业、教私域更能让人从本质上改变，获得幸福感，这才是最具价值的事业！

如果你想升华自己的人生，从1.0阶段的低水平重复中解脱出来，就跟我一起走上2.0阶段的自我探索之路吧。

我是麦子，过去是千万级私域变现操盘手，未来是生命成长操盘手，做心性成长教育，助力生命的二次成长！

我们在进行财富管理之前，首先需要对自己的财富规划有一个清晰的认识，再根据自己的风险偏好，在合适的地方选购适合自己的产品。

那些你不知道的关于财富的事

■ 谦语

国际金融理财师（CFP）

养老财务规划师

谦语 AI 读书会主理人

看到这篇文章，你我就成为彼此生命中的贵人，因为我会用我17年来在金融行业里的经验，为你总结那些不为人知的金融知识，让你更加懂得如何去选购适合自己的金融产品，也会告诉你一个家庭财富保持增长、避免损失的底层逻辑，让你的财富守护你的生命。

有道有术，方为王者。产品为术，管理为道；相辅相成，方成大业。

您好，我是谦语，一名在银行、证券、信托、保险行业都工作过的投资人。大家看到这里，可能心里在想，你这人工作换得挺勤的啊。其实，所有金融机构的财富管理岗都有相通之处，不同的是每个机构的产品名称、产品侧重点不一样，就像卖奶粉的售货员，卖飞鹤的跟卖蒙牛的其实并没有什么实质性的区别，不同之处就是品牌，以及每个公司的拳头产品不一样、销售方法不一样、面对的客户层次也不一样。我着重介绍一下银行。

银行作为人人皆知的金融机构，它可靠、安全。 在银行，你几乎可以买到你想买的一切理财产品。除了我们按收益划分的固定收益和浮动收益的理财产品，按安全性划分的保本和非保本的理财产品，还有按产品类别划分的各种普通理财产品，如基金、保险、信托、黄金等等。

大家有没有想过如下问题：如果在银行可以买到如此多的金融产品，那我们还要保险公司干吗？要基金公司干吗？要证券公司干吗？要信托公司干吗？

本来，金融这个大卖场有多个不同的柜台，但是银行说："我的客户最多，你们这些机构，别人不知道，你有产品也卖不出去。你要想卖出去，得花很高的成本。这样吧，你们给我一些手续费，我帮你们卖。"于是，银行在金融这个大卖场里开了一个独立的小卖场，把

友者生存 1：善用贵人杠杆

各个金融机构的产品都纳入其中，然后从各个渠道引进一些产品，收点手续费，再利用自己的渠道以及自己在大众心目中的高认知度，将这些产品卖出去。这就是得用户者得天下。

但是，其他机构也不傻啊，心想：我们把产品都给了你，从此以后，我们就得受你控制，那可不行，我们得弄一些自己的产品给那些信任我们的客户。于是，他们又各自开发了一些自己的拳头产品，利用自己的小渠道卖给那些了解他们、认可他们的忠实客户。说到这里，大家应该明白一些各个金融机构所销售产品之间的共同点和区别了吧？

现在，随着金融市场产品的普及，各金融机构也纷纷成立了自己的财富中心和营业部，已经有一些走在前沿的高认知客户，会从多家金融机构去买更适合自己的性价比更高的产品。

大部分客户认为，财富管理就是买理财产品。为什么会有这种认知呢？

第一，我认为是大众对自己未来的财富需求没有明确的目标，就是很多人没有想过自己未来在哪几个时间节点，大概需要储备多少资金；自己为了完成一个目标，需要准备多少钱。没有这个意识，自然就不会去关注。

第二，就是因为很多人去了金融机构以后，里面的从业者往往会从自己的业绩指标出发，只关注客户有多少钱、这个钱大概可以放多久、客户的风险承受能力是多大，然后就开始推荐所在机构的产品。买国债、存定期、买理财、买基金、买保险、买股票，什么都给你推荐，至于客户的钱未来到底怎么使用、有什么规划与打算，他们是压根不关心的。当然，对于很多小资金客户，他们也没有精力去关注。虽然大资金客户往往是金融从业人员关注的对象，但这些从业人员很多时候也仅仅是在推荐金额更大的产品，加上很多大资金客户会将资金分散在不同的机构，导致大客户变成了小客户。

第三，没有正确地评估自己的风险承受能力。这个尤其重要，我们之所以总是买错理财产品，就是没有正视自己的风险承受能力。每家金融机构在推荐产品之前，都会让客户做一个风险评估。这些年，我们看到几乎99%以上的客户，不是让销售人员代为评估，就是为了能快速地买到想买的产品，而随便评估。更有甚者，有的金融销售人员会跟客户说："你把评估级别弄高一点，这样方便后面买其他产品。"市面上大部门基金类产品的风险评级都在4R以上，股票更是属于5R级别，但是在我接触过的客户之中，凡是在我认真说明之后自己做评估的，达到3R的就已经顶破天了。除非是对股票很有研究的客户，否则大多数人都是中低风险偏好者。可是很多中低风险偏好者，买了大量不适合自己风险承受能力的产品。

综上所述，我们在进行财富管理之前，首先需要对自己的财富规划有一个清晰的认识，再根据自己的风险偏好，在合适的地方选购适合自己的产品。

很多人说："理财是有钱人的事，我饭都要吃不起了，怎么理财？"其实这就是将理财错误地等同于投资。一个人的财富管理涉及人一生中各个需要用钱的地方和时间点，每个需求都有对应的打理资金的方式。

我跟大家介绍两种财富管理的工具，它们可以让我们的财富得以安全地传承下去，不仅保证我们的财富可以定向给我们想要给的人，还能够保证这笔资金不受外因的影响而被分割或遭受损失，例如离婚、破产等。

保险金信托

保险金信托是指委托人将自己投保的人寿保单或年金保单合同的权益作为信托财产置入信托账户,由信托公司根据与委托人签订的信托合同管理、运用、分配资金,实现对意志的延续和履行。

保险金信托最早诞生于 1886 年的英国,我国首款保险金信托诞生于 2014 年。保险和信托,均为具有一百多年历史的成熟工具。

保险的定位是风险管理和生命保障,信托则重在资产保护、专业管理和财富转移。 保险金信托,将这两个古老的工具巧妙结合,实现"1+1>2"的财富管理效果。

保险金信托相比家族信托的优势在于:相对于家族信托来说,保险金信托的门槛比较低,但是同时具备了持续保护与照顾家人、防止婚变、防止挥霍的功能,同时,可以对续期保费和保单资产做好隔离,维持保单效力。它还可以个性化分配已有保单的资产。

家族信托

说到家族信托,大家肯定不陌生,香港的李嘉诚、郑少秋的前妻沈殿霞都成立了家族信托,而在国外,它更是海外发达国家富豪们广泛应用的财富管理工具,例如世界著名的家族洛克菲勒家族、卡内基家族、杜邦家族,都通过家族信托实现了世代传承。

家族信托是一种法律关系,指委托人以家庭财富的保护、管理和传承为目的,将自己的财产委托给信托公司,由信托公司依据与委托人签订的信托合同,对信托财产进行管理,并按约定将信托财产及收益分配给指定的受益人。

为什么需要家族信托呢？信托的功能之强大，应用范围之广泛，正如现代信托业之父斯考特所说：**"信托的应用范围可与人类的想象力相媲美。"**

我们通过案例来看一下家族信托的功能。

案例1：隔绝企业风险

基本情况：委托人王先生为企业主，45岁，婚姻幸福，家庭和睦，有一双儿女，均未成年。目前企业经营状况良好，但王先生担心经济环境不好或者因个人健康、意外情况等导致企业经营不善，出现破产或负债的情况，从而影响家人的生活和子女教育。

客户诉求：隔离家庭与企业资产，保障家人的生活和子女教育。

方案设计：王先生通过设立2000万元的家族信托，从60岁开始，给自己和太太定期支付养老金，同时从现在开始给子女定期支付教育金，待他们18岁之后再定期支付生活金。若其间王先生身故，则由太太作为保护人代为行使权力。

现在，王先生不再担心因经济环境不好而出现的经营不善会影响到家人的生活和子女教育。

案例2：防范婚姻变故

基本情况：委托人李女士，39岁，早年有一段婚姻经历，有个10岁的女儿。最近李女士打算进入新的婚姻，但担心新的婚姻有变数，导致财产被分割。若进行婚前财产确认，可能会影响双方的感情。她还担心自己出现意外，导致女儿的继承份额被分割或者她在未成年时，钱被监管人挪为他用，更担心女儿长大后，落入婚姻陷阱，被骗钱。

客户诉求：防范婚姻风险，保护自己再婚前的财产和保障女儿未来的生活和教育。

方案设计：在李女士再婚前，她设立 1000 万元的家族信托，约定从自己 60 岁开始，定期领取养老金，并给女儿定期支付教育金和生活金。如此，在不影响感情的同时，还能保护自己的婚前财产，提前防范婚姻风险，也给女儿提供了长期的生活和教育保障，解决了诸多后顾之忧。

案例 3：约束激励后代

基本情况：周总下海经商，积累了巨额财富，可是儿子不让他省心，经常流连夜店，挥金如土。周总担心儿子继承财产后挥霍无度，更担心未出生孙辈的将来。

客户诉求：约束儿子并保障孙辈衣食无忧、接受良好的教育。

方案设计：周总设立 5000 万元的资金、50 年期的家族信托，自儿子 30 岁起，每年定期支付 100 万元的生活费，防止儿子一次性拿到巨额资金后挥霍无度。同时，给未出生的孙子约定长期支付学费和生活费，并设置了教育专项基金，激励后代争取进入名校，接受优质的教育，如此实现隔代传承，解除了"富不过三代"的担忧。

看到这些案例，你是不是不禁感叹这种财富管理工具的强大？

财富犹如一片汪洋，我们每个人的财富就是这汪洋上的船只，有的财富如航母般庞大，但是遇到风险时，却不堪一击，支离破碎；有的财富如汪洋上的一叶小舟，遇到风险时，哪怕被风浪打个底朝天，但依然能冒出头来，继续前行。根源便在于我们到底有没有对财富进行规划。

没有规划的人生，就是"流浪"，走到哪就算哪；没有规划过的财富，想用时用不了，消失的风险很大。**财富管理，贯穿人的一生，也可以看作是人一生的风险管理**。在保障资金安全、可以为你所用的前提下，最大化增加资金的投资价值和附加功能，只有做到这样，才是完美的财富解决方案。

> 个人 IP，就是要不断地投资自己，将自己当作一个超值投资品，狠狠下注。

做过 10 多份工作，我如何将热爱变成事业？

■ 天雅

真我文化创始人

MBTI 国际认证施测师

南京航空航天大学管理学本硕

大家好，我是天雅，一名MBTI国际认证教练，拥有"211"高校的管理学本硕学历，从事职业生涯规划与个人IP打造，帮人们将热爱变成事业。

我在22岁之前，就做过10多份工作，待过大公司，创过业，后来又打造自己的个人IP，帮助500多人找到职业方向，在大学期间靠做咨询与陪跑赚了50万元。

也许你对我有很多疑问：为什么我22岁之前就做过10多份工作？为什么身为大学生，能够给500多人做咨询？我凭什么获得这么多人的信任？我如何在大学期间就赚到第一桶金？

接下来，我和大家分享一下自己从一个普通大学生成长为具有变现力的个人IP的故事。

应届求职不顺

在MBTI性格类型里，我是一个INFP（内向、敏感、理想主义），因此刚上大学时，我与周围的环境格格不入。

大一的时候，身边同学都在聊绩点、评优评奖、保研考研，而我却是辅导员办公室的常客，因为我不上早读、挂科、偷用违禁电器、擅自离校……

听别人说大学要多参加社团，我兴冲冲地报名了几个社团，结果面试时全都失败了，我郁闷地想：连大学社团的面试都通不过，那以后是不是连工作都找不到？

在我刚上大学那几年，正是课外教培机构发展得如火如荼的时候。为了赚些生活费，我去了一家教培机构兼职辅导小学生，还接了几个家教的活儿。万万没想到，这些兼职成了我职业生涯的起点。我

友者生存1：善用贵人杠杆

发现教书育人是一件有意思的事情，甚至想自己创业开一家教育公司。

为了离教育事业更近，我决定先去一家头部的教育公司——学而思——打工学习一下。

很快，我争取到了学而思的实习机会，担任线上助教。刚入职的第一周，我就被评为优秀助教，还被主讲老师在助教群里面点名表扬。

接着，我报名了学而思的校招，可是事情并没有如我预期的那样发展。

学而思的考核很严格，整整三天的复试是让应聘者在家拿一块白板，对着空气反复讲一个课程片段。

我并不是一个特别善于表现自己的人，在镜头前总是露怯。我努力申请了两次复试机会，才勉强通过考核，参加新人训。

新人训的考核比复试更严格，整整两周时间，只练一节二十分钟的课，要写几千字的逐字稿，反复讲几十次。还有一些竞争性很强的环节，比如"赛课"，两位新老师上台比赛，一个讲数学，一个讲英语，看看谁会吸引台下更多的注意力。

我逐渐感受到，这种激烈的竞争氛围，不是我喜欢的。我看到的更多是"鸡血、狼性、竞争"，却很少听到有人谈到对教育的情怀。我的大学老师王老师说："教培机构不适合你，他们是标准化教学，你的性格不适合。"

我开始意识到，性格真的会影响职业选择。于是，在签入职协议的前夕，我离开了学而思。为了教育梦，我努力了整整两年，一下子失去目标的我，竟无所适从。

经历行业覆灭

因为我大二大三的学业表现不错,所以拿到了学校的保研名额,我希望在研究生期间探索出新的出路。

在大四时,其他保研同学纷纷开始享受生活,但我开始了"报复性实习"。我开始尝试其他行业,例如互联网和咨询,并且尝试了各种不同的岗位:HR、用户运营、社群运营、培训、咨询助理……由于有极强的学习能力,我的各类职场技能呈倍速提升。

与此同时,我意识到大学阶段职业规划的重要性,为了不让更多大学生面临我在应届求职时的窘迫局面,我开始帮助大学生做职业规划和求职辅导。

凭借一段做校招 HR 的经历,我和社团学弟联合办了一场大学生求职就业讲座,教大家职业规划、求职面试等知识。讲座收获了在场学生的好评,还有几十个学弟学妹来加我好友表示感谢。

因为这次校内讲座的经历,我后来去给一家做职前教育的公司制作了大学生求职面试的课程,酬劳比较丰厚。

这让我更加确定了帮助大学生求职这件事的意义,哪怕目前不一定有很高的酬劳,我也愿意帮助更多人。我加入了学校就业中心,和同学一起创建了几个大学生求职群,还帮一些公司做校园大使。

就这样,我成了校内大学生就业信息与资源的中心节点,很多学弟学妹通过我的渠道去找工作,我则帮他们免费改简历,提供面试指导,听到他们陆续报喜:"学姐,我拿到××公司的 offer 啦!"我的内心十分有成就感。

在做这些事的时候,我也在不断地跳槽。凭借之前两年的教育行业的从业经验，我来到字节跳动担任教育产品的运营人员。我的同事们有来自咨询公司的，也有从其他大企业跳槽过来的，但真正教育出身的非常非常少，像是一支临时组建的特种部队。

一开始，上司说好准时下班、双休，但因为项目紧急，就逼着实习生"996"，连病假都难请。

大企业就像是围城，外面的人想进去，里面的人想出来。多少人梦寐以求的大企业的工作，身在其中的人却未必真的热爱它。

我身为前端运营，80%的工作是电话销售。性格内敛的我，每次和客户打电话前，都要做一万遍心理建设，出单成绩比不过同事，我觉得十分受挫。

于是，我和上司申请从前端销售转到了后端运营，做回熟悉和擅长的助教工作，收获了学生、家长、授课老师"耐心、负责"的好评，我也恢复了往日的笑容。

原来，找对自身优势，去做擅长的工作，这一简单的变化竟然能让工作一下子顺利起来。

可惜好景不长，没过几个星期，"双减"政策颁布，K12行业（从幼儿园到高中阶段的教育服务行业），没了。

将热爱变成事业

"双减"之后不久，我离开了字节跳动，到了年底，整个业务线的几万人几乎全被裁员。

看着自己简历上满满当当的实习经历，我苦笑了一声：在这么多方向里面，难道除了K12行业，我就别无选择了吗？

我开始盘点自己的经历与当下的热门岗位：

用户运营？我虽然喜欢和用户沟通，可是受不了太琐碎的运营细节。

产品经理？高薪热门岗位，但竞争很激烈，我连一段产品经理的实习经历都没有。

数据分析？薪水也不错，可在上学时，我最不擅长的就是做数据分析了。

人力资源？我倒是比较喜欢这个工作，但门槛似乎不高，我怎么去打造自己的竞争力呢？

……

我找到一位优势教练叶叶做职业规划咨询，她说我是一个天然喜欢探索、乐于变化的人。表面上，我是在广泛探索，实际上是在满足自己追求变化的天性。我未来能长久做的工作，一定是要能够带给我更多可能性的，这个职业身份不会框住我，反而能够帮我开拓资源。

沿着这个答案思考，我的脑海里冒出一个答案：过去帮助大学生求职时，我不会觉得自己被限制住了可能性，反而可以收获更多资源和机会。也许，我可以尝试去做大学生职业生涯规划。

可这个想法立马被浇了一盆冷水：如果按照常规路径，想成为一名职业规划师，通常需要有光鲜亮丽的头衔和丰富的经验，而我虽然实践经历比同龄人丰富，但是比起那些大公司有多年经验的前辈，别人为什么要选择我？过去我虽然帮助过几十位学弟学妹，可都是免费的，一旦收费了，他们还会找我吗？我很着急，明明梦想的工作就在眼前，可受制于现实条件，无法触及。

我开始思考，为了打造出自己做职业规划的 IP，我需要什么呢？

第一样东西，叫案例。

过去做免费咨询时，我并没有积累案例的意识。很多同学在我的帮助下，去了华为、腾讯、京东等大企业，但我没有特别记录和宣传过这些事。

为了积累案例，我尝试在自己的朋友圈接单。一开始没有明确的定价，只是做完咨询后，让对方给我随喜打赏红包，有 50 元的，有 200 元的，我第一次发现自己真的能接到付费的咨询单。

接着，我按照客户打赏的金额，开始给自己定价，从 100 元/小时，仅用一年多的时间就涨到了 1000 元/小时。

这让我很惊喜，原来找对了行业，可以做到 1 年有 10 倍的成长。

第二样东西，叫背书。

在大学阶段，我就经常关注和思考自己的性格特点，尤其喜欢用 MBTI 进行分析。

MBTI 性格测试将人分为 16 种人格类型，每种类型都有独一无二的特点，也有各自适合的职业，因此非常适合用来做职业定位。既然如此，我为什么不借助 MBTI 这个工具去帮别人做咨询呢？

后来，我了解到 MBTI 有官方认证，只是价格不菲，4 天的培训就要 3 万元。

我想，就算我一时半会儿没办法把这个钱赚回来，但咨询这一行，年纪越大越吃香，随着我的案例变多，价格也会上涨，我未来一定能赚更多的钱。我坚信自己的判断，咬咬牙，还是花了 3 万元报名。于是，我就成了一名 MBTI 官方认证的教练。

很巧的是，2022 年 MBTI 爆火，为我带来了不少流量，至今这个流量还在持续上涨。而当时投资的 3 万元，不仅赚回来了，还涨了 10 倍。

个人 IP，就是要不断地投资自己，将自己当作一个超值投资品，狠狠下注。

现在，我已经累计帮 500 多位大学生、职场白领做过职业规划咨询，也有不少客户在我的赋能下，走上了个人 IP 创业之路。

对于我来说，热爱就是不断赋能他人的成长。在追梦的过程中，活出真我，给他人传递能量。

什么事情会反复吸引你？你又会反复吸引什么样的人和事？从中寻找共性，那就是你内心的渴望，或者叫作热爱。

感谢你看到这里，如果你还想知道我的更多故事，想将自己的热爱变成事业，欢迎你和我聊一聊。

友者生存 1：善用贵人杠杆

> 我们的工作不仅是为了追求目标，也是为了创造价值。

行走人生路，我与你分享我的经验与智慧

■ 王勇程

有 21 年经验的室内外资深设计师
善于资源整合的商业运营高手
拥有诸多中亚国家的投资机会

你好，我是王勇程，通过这种方式与你相识，我非常荣幸。我坚信人生就是一场无畏的冒险，而我就是勇往直前的旅者。我的名字本身就散发着勇气的力量，而我在人生中也一直秉持着勇往直前的精神。

我是一位经验丰富的室内外设计师，已经从事这个行业长达21年。我出生在新疆的一个边陲小县城——霍城县，出生在一个普通家庭，然而，我的成长过程并不顺利。从小，我并不是一个学习成绩好的学生，甚至选择美术设计专业也是出于无奈，但没有什么能阻挡我追求梦想、渴望学习的热情！相反，这些困境激发了我勇于挑战自我的精神。

在2023年之前，我的成就不局限于专业领域，我还有令人瞩目的商业操盘业绩。其中最值得我骄傲的是在2018年，我牵头发起了一项壮举，我和我的小伙伴创办了一个崭新的新疆机场旅客综合服务平台，以吃、住、行、娱、购、游为核心，并于2021年1月成功与新疆机场集团天缘绿色产业公司混改成立了合资公司，这个平台在上线不足一年时，便获得了惊人的1300万元的收益！

现在，我决定跟你分享我在过去二十多年里积累的宝贵经验和智慧，它们将给你带来震撼和启发，让你对未来充满好奇，让我以独特而令人心跳的方式引领你进入我的世界。

没有问题，只有挑战

稻盛和夫曾说过：**"为了将梦想变成现实，必须具备坚强的意志和巨大的热情。在任何困难面前，我们需要具备相应的工作态度和解决问题的能力。"** 这句话深深地触动了我，激发了我对设计事业的热

友者生存 1：善用贵人杠杆

爱和追求。

2023年8月中旬，我迎来了一项重要的挑战——接手一家上市公司的办公室设计项目。这个公司有整层2000平方米的空间需要进行全新的设计，总共要聘请5位设计师参加第一轮设计汇报交流。我很幸运，因为我脱颖而出，成为这家上市公司的委托设计师之一。

然而，接下来的工作并不像想象的那样简单。这家公司领导众多、部门繁杂，总部位于石家庄，许多关键领导分布在全国各地，董事长甚至还在国外，这些给我们的沟通和协作带来了巨大的困难。为了满足消防安全、业务逻辑动线、部门办公室面积大小以及风水摆位等种种需求，我们几乎每天都要进行讨论和调整。

作为一个从事设计工作21年的老手，我曾经接触过各种规模的项目，甚至有几万平方米的设计任务，但是，像这次项目一样不断地调整方案，我还是第一次遇到。这个项目的首要原则是确保消防安全，同时尽量避免业主单位额外的支出。其次，我们要考虑到人性化需求和实际效果。

消防设计问题相对来说并不难解决，但前提是要建立在业主单位确定的平面布局之上。仅仅一张平面图就花费了我三个月的时间才最终确认，其间进行了43次修改。从整体方位布局、四季日照时长到办公室分割面积和风水摆位，甚至员工的下午茶休息场所和心理疏导室，每一个细节都需要多次的讨论、研究和模拟，最终才得以确定最佳的平面布局。

这项工作任务无疑是一项烦琐而重复的工作，有时候，我感到厌倦，但是，每当我听到客户对我们方案的认可时，我心里便涌起一股激动和满足感。因为，这不仅仅是为客户提供最好的设计，更是将方案打磨到极致的过程。在与客户沟通与调整方案的过程中，我不仅收获了宝贵的经验，更重要的是升级和拓展了自己的思维和视野。

在《大学》这本书中，有一个词叫作"格物"。我对这个词有着深刻的理解。它意味着通过对事物的研究，深入了解其中的道理。对于我而言，"格物"就是通过不断的打磨和完善，让自己不断进步和成长。在这个项目中，我用心去体会每一个环节、每一个细节。我深知，只有通过坚定的意志、巨大的热情和毫不畏惧的挑战精神，才能将梦想变为现实。**这个项目是一个巨大的挑战，但我相信，只要我坚持不懈地努力，我一定能够创造出令人满意的设计作品。**

以结果为导向，以共赢为目标

我们的工作不仅是为了追求目标，也是为了创造价值。以目标和结果为引领，可以纠正行为偏差，使我们稳步朝着目标前进。共赢不仅仅是追求物质利益，更是追求广泛的意义。共赢代表着一个人的心胸和气概，它不以利益为取舍的标准。只有当我们有共同的目标、价值观和责任感，才能真正实现共赢。

2021年2月25日，我承接了一家房地产公司的售楼部及会所项目。总面积达到5000平方米，装修投资金额为2200万元。这位客户敬总是一位正直、高效、注重结果的人，也是我人生中非常重要的客户。

作为开发商，大家都了解五一小长假对楼盘预售的重要性，因此，我们决定在春节期间开工，即使工地门窗还未安装，每天气温都在零下20多度。为确保正常开工，我们在春节前就制定了完善的施工组织方案，并于2月22日安排施工人员封堵了阻燃岩棉门窗，并在室内安装了临时采暖设施。

尽管我们制定了许多预案，但由于消防和室内设计方案之间出现了冲突，后期的层高效果受到了严重影响。消防方案并非出自我，我曾多次与消防设计院进行协商。虽然我相信我的解决方案可以满足开发商的需求并符合规范，但设计院以不符合规范为由拒绝变更，这种僵持导致严重的进度延误。我清楚地意识到如果不解决消防问题，整个项目的工期将会受到影响。对于开发商来说，他们在预售阶段做了大量的营销策划和媒体宣传，投入了大量人力和财力，一旦工期延误，将会带来无法估量的损失，因此，我几乎每天都思考如何在技术上解决这个问题，并向各个专家请教。最终，经过多次计算和验证，设计院接受了我的方案。在这期间，许多人曾说消防不是我设计的，工期延误也不是我的责任，为什么如此较真？这是因为我清楚地知道，一切工作都是为了达成结果。

共赢是一种品格、修养和胸怀，只有这样才能走得更远。最终，我们按时交付了，预售当天就取得了巨大的成功，成交额达到了1.2亿元。在庆功宴上，董事长抱住我，他的开心溢于言表，那种感觉就像是战场上和我一起战斗的战友。在后期的合作中，我们更加紧密地合作，共同实现双方的最大价值。

善用资源，胜过拥有资源

天下万物不为我所有，但皆为我所用。我们生活在这个世界上，并不是为了独占一切，而是要善于利用身边的一切资源。在文章开头，我提到自己刚开始工作时，没有背景、没有资源，但是我通过设计师职务，整合了多个建材厂家资源。

在2015年至2017年，我借助国家政策获得了地方政府和中亚政府的资源支持，在中哈两国多次往返之后，最终在哈萨克斯坦成立了中哈国际建材超市，实现了中亚地区的贸易跨越，并得到了哈萨克斯坦工商联主席和驻哈萨克斯坦中国大使馆领导的接见和支持。

我通过担任机场项目的驻场设计师职务，在 2018 年发起并于 2021 年成功实现了混改合资，创办了新疆机场旅客综合服务平台。尽管开始困难重重，在寻找合作伙伴和上线测试时遇到了各种挑战，但最终还是上线了，并且在上线的第一年就获得了 1300 万元的收益。实际上，每个人在实现目标时能够获得的资源是各不相同的，包括时间、金钱、知识、技术、人脉等，我们常常会发现，自己想要实现的目标与现有资源之间存在差距。

有些人认为制约因素是资金不足，有些人则认为是职场人脉、信息、技术或员工方面的不足，**实际上，善于利用资源的人并不会纠结于这些不足，他们通常会直接采取行动，考虑的是如何利用已有的东西来实现目标。**

我们可以向善于克服制约因素的人学习，他们可以激励我们充分利用资源，以更有创造性的方式行动起来，更好地解决问题。而对待资源的态度和方法，就是延展：下定决心，以全新的眼光审视我们所拥有的一切，审视我们的组织、工作、家庭和生活，从而创造性地发展和改变它们，使之变得更好。

天道酬勤，凡事感恩

当我回首往昔时，感激之情油然而生，我的内心燃烧着感激之火。我的父母，他们是我人生中最伟大的恩人，他们不仅赋予了我生命，更为我点亮了前行的指路明灯。每当想起那份无私的爱，我的心中就涌动着深深的感恩之情。

其次,对于我的老师,无尽的感激之情也涌动在我的内心深处。是他们用智慧和耐心引导我,纠正我前行路上的偏差,给我带来了灿烂的知识之花。每一次回想起他们的谆谆教诲,我都无法抑制自己的感激之情,这是我对他们深深的感恩。

而我的客户,他们对我的信任和支持是我人生的宝贵财富。他们的肯定和鼓励给予我无穷的动力,推动我不断前进,迎接各种挑战。他们对我的信任、他们的支持使我获得了今日的成绩。

最后,我的爱人,她是我生命中最亲爱的导师,是我奋斗路上最坚实的依靠。她不辞辛劳地为我寻找最好的师资,她的鼓励和陪伴让我在逆境中迎难而上。每当想到她与我患难与共的默契和坚守,我内心的感激之情如潮水般涌动,我的感激早已化作甘甜的感恩之泉。

感恩,是我行走人生路时获得的智慧。感恩,让我变得更加宽容和谦卑,让我对世间的艰辛和挫折充满坚定的勇气。感恩,是纯净我内心的净化剂,让我迎接生命中的一切起伏。 愿我永怀感恩之心。

友者生存1：善用贵人杠杆

每一个小小的帮助，都让朋友们对我充满感激和信任，而我也在这种爱的回流中，对自己的状态越来越满意。

认真做好人生规划，当下就是最好的时候

■ 唯她

国家二级心理咨询师
职场女性生涯规划师
家庭教育指导师

友者生存1：善用贵人杠杆

我叫唯她，这是我英文名的译名，之所以喜欢用英文名，是因为我从一所外语院校大学毕业后，一直在一个大家都熟悉的知名外企工作。工作了20多年，我的运气一直很好，有一份发展前景很好的工作，然后稳打稳扎地步步晋升，成为一个部门的管理者，带领一个大团队。我的儿子在读幼儿园，我的老公也是一家企业的高管，一家三口都过得安逸，拥有幸福人生。

我一直觉得，凭我的能力，我可以在这家服务了二十多年的公司舒舒服服地做到退休，但是这一切在一年前戛然而止了。新冠肺炎疫情对很多企业都有严重的影响，我所在的这家公司更是在过去的两三年里发生了各种内外的变化，导致生意一落千丈。2022年9月的一天，我突然接到通知：我被裁员了。那一刻，我整个人懵了，因为我从来没有想过有一天，作为一个对公司尽职尽责、有能力、有热情的人，会被动离开自己熟悉的工作环境，我更没有想过一个40多岁的女性，需要重新进入人才市场找工作。失业的第一个月，刚好是广州疫情最严重的一个月，我被封锁在了疫情最严重的那个区。整整一个月，我通过各种求职平台投出去的几千份简历，都石沉大海、杳无音讯，没有任何人回复我，我陷入了恐慌和焦虑中。因为我发现除了继续做原来的工作，我好像没有任何特长和能力；除了原来公司的同事，我也没有任何其他的人脉和圈子。一个40多岁的女性，是不是就只能认命，从此在家相夫教子，做全职妈妈？我该怎么办？

就在这个时候，一个公益机构找到了我，了解了我个人之前的工作经验和成长的故事后，她们邀请我加入摆渡人项目，作为导师去支持和辅导一些在职场发展和个人成长中遇到困难的年轻女性，帮助她们发现自己的问题和寻找合适的解决方案。在和我的学生互动的过程中，随着她们一步步的成长和改变，我的思想也在改变，我发现人在不同阶段都需要做规划，只有把自己未来的路想清楚了，有了清晰的目标，才有前进的动力和方向，才有真正的内驱力去克服困难，去实现梦想。于是我开始认真思考：幸福生活到底是什么样的？我要怎么做，才能拥有幸福生活？我的答案有以下三点。

（1）认清自己，设定目标，让日子过得越来越顺。

（2）尽可能多地去输出，助人助己，共同成就。

（3）做个快乐的妈妈，让儿子健康快乐成长。

想明白了自己想要的，我的焦虑和恐慌减少了很多，然后我就开始制订行动计划了。

（1）目标要分短期和长期，一步一步往前走，才能踏实。

①**短期**：对我之前的工作经历和能力进行回顾和更系统化的学习，并且配合相应的培训和考试去获得高含金量的证书，给自己一个"温故而知新"的机会，也帮助自己强化专业能力。为此，我花了半年时间拿了美国项目管理协会的项目管理（Project Management Professional）和敏捷教练（Agile Certified Practitioner）两个证书。

②**中期**：扩大自己的认知圈子，有句话说："人只能赚自己认知范围内的钱。"我要勇敢地走进未知的知识领域，我花了将近20万元学习各种线上知识付费课程，了解如何建立个人品牌、如何突破自己的认知范围。

③**长期**：轻松的亲子关系是家庭幸福生活的基础，"鸡"娃不如"鸡"自己。我开始关注心理健康领域，并系统地学习关于儿童教育和家庭教育的知识，还顺便考了心理咨询师和心理倾听师。

④**终极目标**：身体健康。我首先让自己瘦下来和显得更年轻。瘦下来：一年前，在我被裁员的那个月，我刚做了双膝盖的大手术，当时医生对我的要求就是减肥，让自己的膝盖承受小一点的压力，于是

友者生存1：善用贵人杠杆

我通过吃营养食品和持续的低强度运动，在一年里减掉了20斤。更年轻：我通过学习家庭营养师和健康管理师的知识，对自己的身体有了更深入的了解，坚持早睡早起，日常吃适合自己的低糖低脂的食品；同时开始服用一些抗衰老的保健品，让自己的体能和脑力持续保持良好的状态。

上面这些目标融入我每天的生活中，我每隔一段时间就会回顾一下，发现自己每天都在进步。我不断地鼓励自己，每天都离美好的目标越来越近。

（2）持续的输出和分享，才能让自己充满成就感和幸福感。

①在《高效能人士的七个习惯》一书里，有个关于"影响圈"和"关注圈"的定义，就是一个你的行为会带来改变的圈子和一个与你有关但是你无关紧要的圈子。这两个圈子在我上班的时候差不多是一样的，但是在我离开职场后，突然发现"影响圈"只剩下家里，而"关注圈"好像也只剩下柴米油盐和家长里短，所以我开始定期约不同的朋友吃饭聊天，通过与她们沟通，去感知最新的商业趋势；同时，也去思考和她们是否有什么资源的关联，能够帮助自己持续扩大"影响圈"。比如，我有个前上司需要做一些大型商业地产的可行性分析，我通过校友群，及时联系到了我同学的房地产专业服务公司，而我在这个过程中展现了自己一贯擅长的项目管理能力，得到了双方的认可，并为之后的进一步合作打好了基础。

②和朋友聊我的闲暇生活，她们建议我开通线上的个人账号，通过分享自己日常生活中的治愈时刻，让大家认识我、认可我，给别人的生活带来温暖的感觉。每一个新的点赞和关注，都会让我感受到自己的输出和分享是有价值的，也鼓励我不断学习、不断精进。

③在身边的女性朋友遇到问题时，我主动伸出援手，帮助她们一

起渡过难关。有个刚毕业两年的好朋友要找工作，面试几份工作都失败了，我陪她分析和复盘，甚至和她做角色演练，终于帮她过五关斩六将，得到了一个不错的工作机会；有朋友和妈妈的关系因为某个误会，一度非常紧张，让她非常困扰，我专门抽时间陪她好好聊天，倾听她的故事，并适时给她一些建议，让她慢慢解开心结，调整和妈妈的沟通及相处方法，最终与妈妈和好如初。每一个小小的帮助，都让朋友们对我充满感激和信任，而我也在这种爱的回流中，对自己的状态越来越满意。

(3) 一个真正快乐的妈妈，让家庭和睦，让儿子健康成长。

①疫情一结束，我就得到了一个担任临近城市的企业高管的机会。当时，我觉得这个机会太好了，收入不错，还能让我充分施展自己的能力，更能帮助公司创造价值。想想儿子上幼儿园了，自己周一去、周五回，中途有空也可以回家看看，应该没有问题。但事实是，儿子完全接受不了，很快就无理由地哭闹，不愿意上学，不肯好好吃东西，很明显有分离焦虑症。由于孩子的爸爸也常驻外地，没有办法回来陪他，所以我在工作了三个月后，衡量再三，毅然辞职回到孩子的身边。

②回到孩子身边后，我并没有把任何不安和焦虑带给他，而是想办法帮他建立安全感。毕竟孩子总会长大，分离总会发生，我希望到时候，他是带着爱和信心，独立地、坚定地往前走。我每天接送他去学游泳，克服他从小就有的怕水心理；我带着他去旅行，学会在陌生的环境中互相关注；我让他帮我分担照顾家庭小宠物的职责，感受生命的各种状态，让他在潜移默化中懂得了爱和关怀。

③也许是因为我的原生家庭并不完美，所以我是在深思熟虑了很久、年龄已经比较大的时候，才有了儿子。**我对他的教育，更多是希**

望建立在平等的沟通和互动的基础上。每当我想让他做一件事情,我都会想如果换作是我,是不是也希望我的父母这样对我。他是第一次做小孩,我也是第一次做妈妈,除了一些安全的底线,我对他的态度是尽可能理解和包容。我觉得只要获得足够的能量,他自己是可以茁壮成长、发光发热的。而我也在陪伴儿子成长的过程中,看到周围太多父母的焦虑和纠结,我也希望有一天,我可以把我的故事分享给他们,让他们也一起去享受美好的亲子时光。

转眼一年过去了,我不仅没有在原地踏步,反而越战越勇,最后我找到一份自己非常喜欢、匹配度很高的工作,重新回到了职场;我的家庭持续保持积极幸福的状态,同时我也启动了帮助迷茫的职场女性做生涯规划的项目。回顾这些难忘的经历,我觉得为自己的人生制定计划永远都不迟,也许过程会有迷茫、会受挫,但是坚定地往下走,一定会找到一个更好的自己。另外,我也明白了,在遇到迷茫和挫折的时候,多和周围的朋友、家人开诚布公地沟通,别人的一句话、一个点子,就像一盏明灯,会让你更快地找到方向。最后,我希望在看我的故事的你,会有种拨开迷雾的感觉,让我们勇往直前!欢迎和我联系,一起迎接更美妙的人生。

仅以此文献给一直支持、鼓励我前进的家人和朋友。

友者生存1：善用贵人杠杆

利他的行为，无论是出于道德的驱使，还是内心的渴望，都能在人与人的相互作用中找到其价值。

给予的艺术：如何成为别人生命中的贵人

■ 温蒂

数字积极心理学开创者
国家高级心理督导师
人生成长顾问

友者生存1：善用贵人杠杆

在探索人生的复杂网络时，我们不可避免地会遭遇挑战与困顿。在这些关键时刻，总会有那么一些人出现，他们如同夜空中的北极星，为我们指引方向，为我们提供力量。在东方文化中，我们称这些人为"贵人"。然而，贵人的概念远远超越了简单的助力与支持，它蕴含着一种深刻的哲学思想——无我利他。这种思想鼓励我们超越自身的欲望和需求，全心全意地为他人着想。这种看似单方面的奉献，最终能促进一个人的内在成长和自我实现。这种现象，揭示了宇宙间最基本的真理：一切都是守恒的，包括我们的行为和心灵的能量。

在现代社会中，"无我利他"这一古老的原则可能被视为一种理想化的境界，难以在现实的竞争和个人主义中找到立足点。我们每天都在忙碌地追逐个人的成功，有时甚至忽视了与他人的联系和共融的价值。然而，**正是在我们最专注于自己的时候，生活往往会以最意想不到的方式提醒我们，我们与他人之间的关系是如此紧密，以至于任何对他人的善行，都会以某种形式回馈给我们自己。**

利他的行为，无论是出于道德的驱使，还是内心的渴望，都能在人与人的相互作用中找到其价值。它所释放的能量，如同投入湖中的一颗石子，能激起连绵不绝的涟漪。这些涟漪，虽然起初看似向外扩散，远离了投石的起点，但最终，它们总会以预期之外的方式影响整个湖面，甚至回到起点。这便是无我利他的尽头是利己的道理——我们的给予，最终成为自己成长的土壤。

当我们放眼宇宙，这个无限广阔而又精妙绝伦的存在，我们会发现，它本身就是一部交响乐。在这部交响乐中，每个个体都是既独立又相互联系的音符。我们的每一个行动和决策，不仅仅影响着我们自己，也在无形中塑造着我们周围的世界。就像宇宙中的每一粒尘埃都在维持着天体的运行一样，我们每一次无私的行为，都在维系着人类社会的和谐与平衡。

因此,当我们在人生的旅途中遇到"贵人",或者在某个转角成为他人的"贵人"时,我们实际上是在参与一种古老而神圣的仪式——无我利他的循环。这是一种生命的赞歌,它跨越了时间和空间,连接了过去和未来。在这篇文章中,我们将一同探索无我利他如何映照到我们每个人的生活中,如何与宇宙守恒的法则相呼应,并且最终指引我们找到那条通往自我实现和智慧的道路。

无我利他:人生的真谛

在人类历史和文化的长河中,无我利他的理念犹如一条蜿蜒的溪流,润泽着道德的土壤,滋养着文明的种子。这是一个深植于多种文化和宗教传统中的原则,无论是佛教中的慈悲思想,还是基督教的爱人如己,或是儒家的仁爱,它们都在不同的语境下传递着相同的信息:真正的生活智慧和人生的圆满,往往来自对自我利益的超越、对他人的无私奉献。

无我利他的本质

无我利他不是一个简单的行为准则,而是一种生活态度和精神追求。它要求我们在行动之前,先进行一次深刻的内心对话,问自己:我们的动机是什么?我们的目的是什么?如果这些答案趋向于自我中心,那么无我利他要求我们进行调整,将焦点从"我能得到什么"转变为"我能贡献什么"。这是一次自我超越的练习,它让我们从局限的自我中解放出来,以更广阔的视野看待世界和我们在世界中的角色。

无我利他在人际关系中的体现

在人际关系中，无我利他体现为对他人的真诚关心和帮助。当我们在社交场合中，不计较个人得失；当我们在工作中，无私地分享经验和知识；当我们在家庭中，耐心倾听而不是急于发表意见，我们就在实践无我利他。这些行为的背后是对他人福祉的真切关注，它超越了物质的帮助，触及了精神和情感的层面。通过这样的实践，我们不仅建立了更深层次的人际关系，也在无形中培养了自己的同情心和理解力。

无我利他与自我实现

无我利他并不意味着忽视个人的成长和需求，相反，它是自我实现的一部分。当我们帮助他人时，我们的视野扩展了，我们的能力得到了锻炼，我们的心灵得到了滋养。通过无私地服务他人，我们实际上是在为自己的内在成长铺路。这样的成长不仅仅是职业上的成功，更是人格上的完善。我们变得更加宽容、更有智慧、更有洞察力，这些品质的提升，反过来又让我们能够更好地服务于他人。因此，无我利他在本质上是一种自我增益的循环。

无我利他的挑战与回报

尽管无我利他带来了长远的好处，但在实践中，它也面临着挑战。我们生活在一个强调个人成就和物质回报的社会中，无私地帮助他人往往看起来不那么划算。这就要求我们有足够的勇气，去对抗社会的潮流，坚守内心的信念。当我们克服了这些挑战，我们会发现，无我利他所带来的内在满足和平静远远超过了物质回报。这种平静和满足源自对生命更深的理解和对人性更深的信任。

在人生的大海中，无我利他是一艘航行的帆船，它不仅能带我们到达他人的心岸，也能让我们在内心的海洋中找到平静的港湾。它教会我们如何放下负重，如何扬起爱的风帆，如何在给予中找到收获的喜悦。通过无我利他，我们不仅成就了他人，更成就了最真实的自我。

无我利他至尽头是利己

在深入探讨无我利他之后，我们抵达了这一哲学观点的另一个核心——利他至尽头是利己。这个观点并非宣扬自私，而是阐明了一个深刻的生命真理：在纯粹无私的奉献中，我们最终收获的是自身的内在成长和满足感。

利他与利己的和谐

在日常生活中，我们经常听到"给予比接受更有福"这样的话。这不仅是一种道德上的指引，也是对人类行为和心理的深刻洞察。当我们帮助他人，尤其是在没有期待任何回报的情况下，我们内心深处可以感受到一种独特的愉悦和满足。这种满足感源于对自我价值和社会角色的肯定。我们因为能够对他人产生积极的影响而感到自豪，这种自豪感远超过任何物质上的收获。

利己的多维度体验

在服务他人的过程中，我们获得的不仅仅是心灵上的喜悦，还有个人能力的提升。我们有了同理心、耐心，学会了沟通技巧，我们的社会网络因为我们的慷慨和帮助而扩大,我们的个人声誉因为我们的善行和美名而得到提升。所有这些,虽然不是我们最初寻求的,却在不经意间成为我们的无形资产。

社会与自我间的镜像关系

在利他的行为中,我们实际上是在构建一个更为积极的社会环境。我们的善举就像向社会镜子中投射的光,照亮了他人,反射回来也照亮了我们自己。在这个过程中,我们成为社会积极变化的催化剂。我们所帮助的个体可能在未来以某种方式回馈社会,这种回馈可能以意想不到的方式再次惠及我们。

利他行为的自我增强效应

通过帮助他人,我们在潜意识中树立了一种积极的自我形象。我们开始将自己视为有价值、有能力、有贡献的人。这种自我形象的建立不仅对我们的心理健康有益,而且能够在我们遇到困难时提供力量。我们的无我利他行为实际上是在投资我们未来的心理储备和社会资本。

利他与生命的守恒律

当我们无私地给予时,我们实际上是在参与一种宇宙间的守恒交换。就像能量从未消失,只是形式转变一样,我们的善行也转化为了社会的正能量,最终以某种形式回到我们身上。这种能量转换并非零和游戏,而是一种生命能量的循环与增长。在这个循环中,我们既是给予者,也是接受者。

总而言之,无我利他至尽头是利己,这不是一种策略,而是对生

命的深刻理解。在无我利他的过程中，我们经历了一场精神的旅程，这场旅程让我们得到了比物质更深层的回报。我们的个人成长和社会贡献在这个过程中达到了和谐，我们的生命因此变得更加丰富和完整。

宇宙的守恒与人生的平衡

探索宇宙的守恒原理与人生平衡之间的联系，我们发现了一种深刻的相互作用，一个在物理现象中发现的法则如何得以在人类道德和心灵世界中找到映照。

宇宙守恒的普遍性

在物理学中，守恒定律是自然界最基本的法则之一。能量守恒定律告诉我们，能量不会凭空出现或消失，只是从一种形式转换为另一种形式。能量守恒定律是宇宙运作的基石，保证了宇宙的有序和平衡。

人生平衡的追求

在人生的层面上，我们追求的平衡与宇宙的守恒定律有着惊人的相似性。我们追求内在的和谐，希望情感、精神和物质之间能达到一种平衡状态。这种平衡不是静态的，而是动态的，就像宇宙中能量的转换和物质的循环一样。我们的行为、思想和感情不断流动和转化，构成了我们生命的平衡。

行为与反馈的守恒关系

当我们实施利他的行为时，我们在人际网络中投入了正能量。虽然这些行为看似单向，但它们会以各种形式回到我们身上。这可以是他人的感激、社会的尊重，也可以是自身能力的增长和心灵的满足。我们给予的爱和关怀最终会以某种形式回归，形成一个完整的循环。

心灵能量的守恒转化

在心灵的层面，我们给予的关爱和支持转化为他人的幸福和成长，而这些正面影响又以信任、合作和友谊的形式回馈给我们。我们不仅通过帮助他人丰富了自己的经验，也提高了我们作为社会成员的价值。这种转化展现了一种非物质的守恒定律，即心灵能量的守恒，它证明我们的内在世界同样遵循着宇宙法则。

社会和谐的守恒体现

在更广泛的社会层面上，每个个体的利他行为累积起来，可以形成一种正面的社会动力，推动公平、正义与和谐的发展。这种社会变化的能量守恒可能体现为更高的社会信任度、更强的社区凝聚力或更广泛的共情。它促使社会系统向着更加平衡、可持续的方向演变。

通过对宇宙守恒原理的理解，我们可以更深刻地认识到人生平衡的重要性和可能性。无论是在个人层面的自我提升、在人际交往中的正面循环，还是社会整体的和谐进步，宇宙的守恒原理都为我们提供了一个理论框架和实践指南。它启示我们，生命的每一个行为和选择，都是在宇宙守恒律的作用下，寻找平衡、实现转化的过程。我们的利他之举，最终以我们意想不到的方式，成就了自我与他人的共同繁荣。

结语

经过对无我利他和无我利他至尽头是利己这些原则的深入探讨，以及宇宙守恒定律与人生平衡的相互映照，我们得出了一些关于生活、宇宙以及我们在其中扮演角色的新见解。这些见解不仅仅是理论上的推演，它们是我们在与世界互动中可以感知和实践的真理。

在我们的内心深处，我们或许都渴望成为"贵人"，不仅仅是因为我们想要为他人带去光和盼望，更是因为在这个过程中，我们能够实现自己生命的意义和价值。通过利他的行为，我们扩展了自己的存在，超越了个体的界限，与他人共鸣，与宇宙同步。我们的每一次给予，无论多么微小，都与宇宙的守恒定律相呼应，成为一种永恒的能量，回馈于自我，也回馈于整个世界。

我们应当庆幸，生活在一个如此精妙的宇宙之中，我们的每一次善行都不会消失，它们被转化，成为推动我们和他人向前的力量。在这个连续不断的过程中，我们发现了生命的和谐与平衡，我们发现了内在的平静与快乐。

这种认识启发我们在日常生活中更加主动地扮演"贵人"的角色，无论是在职场中指导新人，还是在社区中帮助邻居，甚至是在家庭里支持我们的伴侣和孩子。我们开始意识到，这不仅是对他人的帮助，更是对自身价值的确认和对生活意义的追求。

最终，我们意识到，成为他人生命中的"贵人"，实际上是在维护一种更大的宇宙秩序。在这种秩序中，每个人都可以找到自己的位置，实现自己的价值，体验到与他人相连的深刻感觉。我们不是孤立的存在，我们的每一个行为都在编织着一张巨大的、相互连接的网，每一根线都是宝贵的,都有其特定的作用。

所以,让我们在生活中积极寻找那些可以实践无我利他的机会,不仅因为它是一种美德,更因为它是连接我们与这个宇宙的纽带。我们的善举是我们与宇宙对话的方式,是我们向宇宙表达感激和敬畏的行为。**在这个宇宙的舞台上,每个人都可以成为"贵人",并且在给予的过程中,收获自己生命的丰盛和宁静。**

> 声音是一个人的名片，一个人真正的气质是从他开口说话开始形成的。

友者生存1：善用贵人杠杆

主播也疯狂

■ 文静

湖南电台原主持人
高客单声音演说教练
头部 IP 发售销讲主持人

友者生存1：善用贵人杠杆

从做传统媒体转型到做自媒体知识付费个人品牌，我是一个思维活跃、敢于创新、热爱自由的射手座女孩。当被问及在当下竞争激烈的就业环境中，为何不继续做一份光鲜安稳的工作时，我的回答是："工作是价值感、幸福感的重要来源。按部就班地做安逸的工作，会让我感到焦虑和无趣。围城外的不稳定性不一定适合每个人，任何事都有利有弊，但也正是这种压力，能逼迫自己终身学习。"**人生就是一场体验，做自己热爱的事情很重要，只有热爱，才会坚持。**

2006年，我离开传统媒体后，成立了自己的声音工作室。同年在公众号十点读书当主播。我的个人公众号"每晚一首循环歌"收获了不少粉丝，在充满焦虑、压力的当下社会，声音可以治愈人心，但更治愈的是我长期积累的共情能力，让人愿意和我谈心。

作为曾经的电台主持人，我一路发掘声音的价值。无论是社交，还是在职场，只要开口说话，我就经常被问声音怎么这么好听。我上高二那年，学校为播音主持专业学生的选拔成立了一个特长班，助力高考。当时声音尖细又有婴儿肥的自己，并没有被老师相中，最终选拔了40人，我是候补的3个同学之一，须考察一段时间。我暗暗下决心，一定不能被刷掉，所以上课第一个到、运动瘦身、看大量电视节目、练习主持人的基本功。

通过半年的刻苦积累和三个月的艺考集训，我从候补学员到竞选负责学校大大小小的主持活动，从声音稚嫩单薄的高中生到声音有磁性、知性、出色的播音工作者，从候补艺考生到省级媒体广播电台主持人、记者，我发现声音是可以后天改变的，世界上没有那么多天生的歌手、主持人。

声音是人的第二张脸，尤其是在当下社会，声音比你的照片更有辨识度。一个男人说话很妩媚，哪怕去健身，练得全身都是肌肉，只要一开口，别人还是会觉得他很妩媚；一个女人长得千娇百媚，一开口声音很粗犷，那别人还是会觉得她彪悍。

声音是一个人的名片，一个人真正的气质是从他开口说话开始形成的。

这几年，直播带货、短视频、知识付费火热。有一技之长的老师，大多都渴望通过做短视频，打造个人品牌，提升影响力。而打造个人品牌，就要做一个终身的表达者。**语言表达，不仅是一门美学，更关乎赚钱变现能力，声音市场很大。**作为好声音的受益者，我在长达 8 年的教学中，提炼了两个问题。

1. 你对自己的声音满意吗？是否有如下短板：

- 微信聊天时不够自信，不敢发语音。
- 身为领导，声音却毫无气场。
- 口齿不清，声音小，一说话，听的人就容易走神。
- 直播久了，天天累到嗓子冒烟。
- 有口音，普通话不标准。
- 性格内向，缺乏自信，不敢当众表达。

2. 为什么我要推广商业演讲/声音变现这项技能？

- 在超级个体时代，个人 IP 塑造需要通过自媒体发声，传播优质内容。
- 线上经济，好声音可以吸粉。
- 声音好听，可以提升你的魅力。
- 说话方式影响下一代，好声音可以营造良好的家庭语言环境。
- IP 需要通过公开课进行直播发售，通过线下演讲闭环交付，科学发声是基石。
- 职场晋升，需要提升演讲说服力。

友者生存1：善用贵人杠杆

带着这两个问题，我举办了20多期个人品牌"职场声音演讲"训练营。从训练营到私教，从职场声音美学到IP声音演说商业力的赋能，从一个声音专家型IP到操盘变现100万元，我是怎么做到的呢？

世上没有白走的路，每一步都算数。我制定了一个30年的计划来做个人品牌，大概做到50岁退休。我没想过做别的，从心出发，懵懵懂懂，以好玩的心态已经做了8年。这8年，我自己探索，自己操盘，也正是这种玩的心态，让我滋生了对个人品牌独特的理解，其中最宝贵的是独立思考能力。

我翻到自己十年前的朋友圈，配图像素模糊，但状态和现在一样，没有太多变化，一如既往的活跃，热爱生活。自从有了朋友圈，我就把它当成日记本，记录不是一种坚持，而是一种爱好、一种习惯。十年后，我发现记录是一种力量。十年如一日地做自己，不隐藏自己，不在意世俗眼光，接纳自己，见证自己，朋友圈记录了我对教学的理解、对创业的乐观、对学习的热情、对身心的平衡、对人生的勇敢态度。

我做声音教练的8年，把自己活成了一个为美好发声、美好"声"活的传播者。

很多学员原本只是喜欢我的声音和表达风格，想改变自己的声音，我会看IP们的朋友圈、直播、视频号，把穿搭、发型技巧融入教学中，所以我经常被学员要衣服的购买链接，不禁开玩笑说自己怎么变成了知识付费界的穿搭博主，都可以直播带货了。

我从没有让学员买过一本教科书，一切以学生的需求为中心，可能随时拿了手机就开始口播、测试内容，还会拿最近IP拍得好的视频进行拆解，由学员分享被邀约公开课，用PPT模拟演习给自己看，随时随地交付。我认为这是非常有效的学东西的方式。是的,任何行业除了专业能力,即兴、灵活、洞察、提炼水平也能体现教学能力的高低,也是声音表达、公众演讲自然出彩的原因。

知识付费不在于课程多,在于改变。8年来,我收获了来自全国各地热爱声音的数万名学员,其中有不少高管、知名企业家,比如混沌大学、中旺集团、天鹅到家的不少高管都是我的声音演讲学生。没有利益关系,学员也会在朋友圈进行推荐。多年的深耕积累让我有机会在一次格掌门的线下课上担任主持人,我的这次主持广受好评,成功破圈,我接连收到小红书璐璐、作家李菁、海峰老师的发售邀约。

个人品牌,就是培养自己的兴趣爱好,挖掘自己的天赋优势,创造价值。未来,我想继续帮助更多人站上舞台,带领更多人通过自媒体打造个人品牌,进行个体创业。做个人品牌,是一个持续内求的事情,它鞭策你,监督你,考验你,打磨你,在帮助别人的同时,也逐步内化成我们内心的力量。做IP,才华只是基本条件,更多的是心力的赛跑,特别是当你从长期主义的角度去看待它的时候,要接受看似反人性的地方,适应规则。

对于女性而言,工作、事业还是比较重要的。我们要独立,才有更多的选择权。**工作除了可以赚钱,开阔自己的视野,增加自信,而且让自己有尊严**。女性一定要有一技之长,无论是身在职场,还是退隐江湖,哪天再回来,你都能在这个时代和社会生存下去。

> 活出生命的精彩和实现自己的价值才是最有意义的。

友者生存 1：善用贵人杠杆

水墨画从武汉到巴黎

■ 秀娟水墨画

中英法水墨画、书法老师
受邀至法国巴黎卢浮宫学院学习西方艺术史
K12 外籍子女学校美术老师、AP 艺术史老师
留美背景提升规划师

水墨画从武汉到巴黎

我出生在湖北恩施,父母从事茶叶生产和贸易,爷爷是个读书人,在我七八岁时,开始教授我写大字。每逢春节,爷爷会拿出他精心收集的古书,给我们讲关于家族的故事,我们家仍保存着完整的《龚式家谱》。我们家祖籍在山西,由于战乱,家族逃到湖北恩施定居。

大一时,我积极参加校园活动,参加了学校的文书部和艺术学院的辩论赛。大二开始接触学弟学妹,参加团委活动和指导学院学弟学妹的辩论赛。2009年,我上大三,走上了绘画写生赣南之旅,在佛教文化圣地拉卜楞寺写生时,我遇到一对年轻的外国情侣,我和他们拍了照片做纪念。在夏河的宝马酒店,我再次遇到了这对情侣,遗憾的是,我的英语口语不好,无法与他们交流。回到武汉之后,我开始去英语角学习英语,遇到了英国人尼克(Nick)和法国街的美国朋友,我主动提出教他们书法和水墨画,他们教我英语。

2009年,冬去春来,我的大学水墨画专业课老师推荐我去教法国人水墨画。在初次水墨画教学时,我发现法国小朋友班级人数多,孩子年龄跨度大,课程安排遇到了比较大的问题。后面经过沟通,我把小朋友分成大班和小班。中国的水墨画是线条的王国,有位法国太太给我发邮件,说黑色很沉重,我回复她:"中国水墨画的线条是基础。"我与一位网球老师探讨教学心得,他跟我说:"你教水墨画和我教网球一样,快乐最重要。"这句话让我受益匪浅。这学期结束后,圣诞节和元旦是最重要的两个节日,我的一个中法混血的学生,在学期课程结束后,送给我一个埃菲尔铁塔的水晶球,让我非常感动。法国孩子天生就会表达情感,有一位金发碧眼的小女孩,画水墨画的时候特别用心,每次上完课都会非常礼貌地跟我道别。有一次课后,她露出了特别伤心的表情,我找懂法语的同学帮忙翻译,原来是她要回国了,她说她非常喜欢水墨画,还会永远记住我。

友者生存1：善用贵人杠杆

2010年的春节，我回到家乡，怀着忐忑的心情跟父母说，我想大学毕业后去法国留学，父亲告诉我，他会全力支持。回到武汉，我跟父母约定在我拿到法国大学的录取通知书之前，我负责自己所有的开销和学习。我来到法语联盟开始学习法语，初期学习效果很差，我担心学了法语会丢了英语，更惧怕法语、英语双双学不好。2011年，我面临毕业的压力，周一到周五从早到晚学习法语，周末进行水墨画创作，自己规划去法国留学，梦想的力量让我开始真正独立起来。我的毕业作品《困》被艺术学院收藏，毕业论文也被评为优秀论文。至今回忆学习之苦，仍历历在目，却非常值得，感恩自己当初的坚持。

2011年上半年，我在申请法国学校的时候，计划申请艺术品管理专业。与此同时，我的美国朋友给我介绍了在北京798艺术区的画廊实习的工作。暑假期间，我来到北京798艺术区实习，我接触了策展和销售；实习之余，我参观了其他不同类型的画廊、工作室和艺术空间等，我逐渐发现自己不适合在画廊工作，我对当代艺术的专业理解能力不够，我不了解中国艺术品市场的发展和欠缺商业能力，我真正喜欢的是教育和中国传统文化。我住在草场地国际艺术村，无意之间参观了福藏的工作室，见到了福藏高定工作室的老板，她邀请我进入她的茶空间，开始给我泡茶。这里的中式文化和风格，对我来说都是那么的熟悉。我被福藏江总邀请在她的衣服上画水墨画，接下来，我开始在福藏高定工作室实习。在福藏实习时，我真正地感受到何为美学、何为手工。江总让我跟她工作三年，之后送我去意大利学习服装设计，我拒绝了。暑假实习完毕，我的法国学员要开始新学期的课程，我决定回到武汉，继续做水墨画教育。后来，我通过朋友介绍，在从武汉到重庆的豪华游轮上做水墨画艺术家，游轮主要载外宾，我的水墨画大卖，这是一次非常棒的经历。

突如其来的家庭变故，让我的留法计划搁浅。2022年，我决定做工作室，通过法国学员，我基本完成了从零开始的创业，工作室从空空如也变得精致温暖。外籍学员在我的工作室看到了新中式文化，靠湖的公寓是完美的自然空间。我和法国太太一起到武汉的茶叶市场去学习品茶，去了解更多的茶艺文化，我真正理解了中国茶的文化内涵。在和法国太太的互动中，我的法语也越来越好。法国学员天生动手能力很强，我的一位法国学员跟我学习水墨画，她说喜欢中国水墨画，用水调出不同的墨色层次，毛笔和水墨画的轻柔感是最神奇的地方，她被深深地吸引住了。

2013—2019年，我加入了武汉艾滋病儿童教育基金会，我捐赠了自己的水墨画作品，从最开始的水墨画体验课，到中期的围巾水墨画，再到最后的水墨画旗袍的现场拍卖，懂英语和法语的我长期被邀请担任慈善晚宴的接待人。我被外籍学员一路从"小白"带入门，从最开始的不懂什么是慈善基金会到捐赠绘画作品、寻找赞助商再到今日独立策划，我学会了系统的成长。参加慈善活动的最终收获：**①爱满自溢是基本点；②捐赠者不仅需要物质支持，也需要适当的精力和时间支持；③确定帮助真正需要帮助的群体，复盘全过程，赚钱是本事，花钱是艺术。**

我邀请水墨画艺术家猫猫来到我的工作室，跟我的法国学生一起参加猫猫的绘画沙龙，法国学生的体验感很好，他们给我投稿，被法国杂志、全球性的法语电视频道法语国家组织的官方运营机构报道。我喜爱阅读艺术、文学、哲学书籍，我也很爱读人物传记，如《曼德拉传》《甘地传》等，他们也是从普通人成长起来的。甘地受到了西方教育的影响，我不断去反思自己的过往和未来的规划，心中的法国梦在召唤我。

友者生存 1：善用贵人杠杆

我有个法国学生是西方艺术史老师，她帮我联系到了卢浮宫学院，我开始准备去法国学习的签证材料、学习的日程和安排计划等，我请我的工作单位、法国专家俱乐部组织者、法国国际学校和法语联盟负责人及校长帮我写推荐信。我的一位喜欢吴冠中先生的法国学生，在我去法国学习时，安排我在她巴黎的家住下，帮助我解决学习和生活的问题。她提前带我来到卢浮宫，那一刻梦想实现，我感动得热泪盈眶，我问她为什么这么帮我？我们没有任何的血缘关系，而且还不是同一个国籍，她回复我："我现在帮你，当你成长了，请你去帮助其他人。"她告诉我，活出生命的精彩和实现自己的价值才是最有意义的。

2016—2018年，我开始学习法国卢浮宫艺术史课程。巴黎不愧为永恒的艺术之都。我从法国北方的巴黎，途径中世纪的城堡、红酒之乡波尔多、种满薰衣草的普罗旺斯，一路旅行写生到南方的马赛，看到了金色的麦田、克莱因蓝色的大海、蒂芙尼蓝色的天空、牛油果绿色的植被，大自然的明朗和纯净、自由和浪漫、治愈和松弛，让我沉醉。

从法国学习和写生回来，我被武汉法语联盟邀请，共同组织中法艺术家"武汉-巴黎"国际儿童工作坊和《水墨巴黎》跨文化展览活动，武汉电视台采访我，问我："如何做一名好的艺术老师？"我回答："艺术无国界，鼓励孩子们用画笔去交流、表达和创作。"

2018年，我受邀作为恩施艺术家，参加"武汉-威尼斯"双城展，水墨画作品《恩施-印象》支持古建筑世界非物质文化遗产保护项目，向世界介绍我的家乡的古建筑。英国前首相特雷莎·梅访华，在武汉大学做演讲，我被英国领事馆文化部官员邀请作为重要嘉宾参加演讲。**那一刻，我意识到，深耕近十年，作为水墨画传播者，我受到了来自英国的肯定。**

友者生存1：善用贵人杠杆

> 首先你自己得成为贵人，才有机会遇到贵人，从而通过深耕圈层将杠杆作用发挥到极致。

深耕圈层，撬动贵人杠杆的商业实战笔记

■ 徐钦冲

多家公司商业顾问、天使投资人

新商业女性精英圈层"她品界"创始人

法国酒庄联盟FVD副主席兼亚太区CEO

友者生存 1：善用贵人杠杆

做了近 20 年的商业实践并成为多家公司的商业顾问，我在第一线充分见证了中国商业飞速发展、波澜壮阔的历程。深度参与、接触并构建了几十家公司的商业体系后，我发现很多生意和事业发展是有一定的规律、捷径和密码的。在技法维度去努力，决定了人生发展的下限；在心法维度去体悟，决定了人生发展的上限。在这一过程中，贵人杠杆可以发挥事半功倍的效用，但是，首先你自己得成为贵人，才有机会遇到贵人，从而通过深耕圈层将杠杆作用发挥到极致。在这一方面，我有三点感悟，结合自身的商业实战经验，分享给中小企业创始人。

首先，是构建点、线、面、体。这些年来，我接触了很多行业的公司创始人和高管，发现做得好的公司，大多是在一点上极致聚焦突破后，能够建立起公司的点、线、面、体。从战略维度能够看清所在行业的全局，以终为始做战略定位，站在全局角度做战略战术部署，这样的排兵布阵会让公司的发展更稳健，也更有未来张力。连点成线、组线构面、建面筑体的过程，是把各个阶段取得果实过程中的关键要素提炼放大，通过连接将事业推向一个更大的平台。我经常在"商业九问"的课程里，与企业家朋友们一起在商业世界里探索更适合公司发展的战略。其实，这一过程也是在打造自己的贵人体质。

其次，是事业经营五维。当公司能够在战略层面思考未来时，目标和方向就相对比较清晰明了，这个时候是考验如何能够不断通过事业经营来逐一迈上一个个向上的台阶。我通常会通过事业经营五维来破局，用我亲自操盘的事业来做案例拆解。所谓事业经营五维依次是产品、解决方案、圈层、文化、信仰。打组合拳，会让公司形成多元核心竞争力，五维相互补充、互为支撑、循环升级，其中的圈层板块是承上启下、跃迁升级的关键一环。

我用亲身操盘的案例来解读更具说服力。我们一共有三个品牌，分别是法国酒庄联盟 FVD、法国葡萄酒烈酒培训协会 FVSF、她品界｜私董慢空间，它们相互关联、优势互补、能量叠加。法国酒庄联盟 FVD 1999 年成立于法国图卢兹，拥有 24 年的历史，在法国 11 大酒产区有 50 家百年酒庄联盟成员（从全法国 1000 家酒庄中精选而来，审核苛刻，须经 3 年以上严格考察，方有机会入围），在法国的团队拥有 100 位有 30 年以上酿酒经验的酿酒师和酒庄主，专注于小众的酒庄酒（包含葡萄酒和烈酒）。法国葡萄酒烈酒培训协会 FVSF 在法国当地注册，主要目标是向全世界传播正宗的法国葡萄酒文化，拥有初级、中级、高级三种品酒师考证体系，证书全球通用，致力于成为中法文化交流的桥梁。她品界｜私董慢空间是面向有品新商业女性的品质生活圈层和商业赋能平台，这里的有品指的是：有品质，代表生活方式；有品味，代表生活态度；有作品，代表人生成就。这里的有作品，可以是拥有一技之长或者拥有一家公司，也可以是有自己的书籍或课程。

用事业经营五维来解读，具体如下。

产品维度：通过梳理产品优势，打造最核心的优势产品线，比如：

（1）法国酒庄联盟 FVD 专注于供应链端，从全法国 11 大酒产区精挑细选 50 家酒庄的葡萄酒和烈酒源头产品资源。

（2）法国葡萄酒烈酒培训协会 FVSF 专注于文化传播及培训，提供正宗的法国葡萄酒文化培训，内容权威实用。

（3）商业课程和轻咨询服务，源于我将多年商业实战中的经验总结成有效的课程内容。

解决方案维度：通过产品组合，为核心目标群体提供专项解决方案，比如：

（1）法国酒庄之旅，结合法国资源，每年举办1—2次法国酒庄源头之旅，全方位深度体验法国酒庄文化，深入各大产区的田间地头、酒庄、酒窖、城堡，由葡萄酒专家带队，享受最正宗的葡萄酒文化之旅。

（2）BOSS小酒窖，面向老板圈层，提供从办公室到家庭、社交场合再到法国原产地的多场景解决方案，满足老板们的身份认同、社交、商业的多元化需求。

（3）"我有一棵葡萄树在法国"，通过有特色并有纪念意义的礼物，向朋友表达美好的祝福。

圈层维度：以核心目标客群为服务对象，建立圈层平台空间，为深度连接、贵人杠杆提供载体，比如，她品界｜私董慢空间专为有品新商业女性的私董服务，创建场域空间，要事业、生活，更要仪式感。

（1）会员制。重点为私董会员聚集相互认可、信任、同频的群体，一起为品质生活、商业赋能而努力。

（2）共创制。我们作为品质生活、商业赋能平台的发起方，汇聚有共同目标客群的事业伙伴，如生活美学、形象美学、法律资源、茶礼文化、商业资源等等，大多从私董中来，又到私董中去。

（3）贵人杠杆。通过各类主题活动或沙龙，如品质生活品鉴会、商业对接沙龙、财富影响力沙龙、申时茶会、法律沙龙、私董TED、私董饭局、私董闺蜜之旅，帮私董提升品位、扩大影响力、扩展认知、创造生命体验、对接商业资源。在这些过程中，遇见贵人、互为贵人，实现财富和影响力升级，实现人生的无限可能。

文化维度：当势能累积起来时，资源也会更好地汇聚，比如：

（1）由于对中法文化交流有一定的贡献，我们受到法国前总理拉法兰先生的亲切接见，并鼓励我们更加努力地做好中法文化交流的桥梁。

（2）她品界｜私董慢空间，通过视觉、听觉、味觉、触觉、嗅觉五感来呈现法式之美，并以法式高品质的标准来筛选可以共创的事业伙伴，为私董提供势能叠加的贵人资源。

信仰维度：这一维度是最高的事业经营维度，一般难以企及。

我们在呈现品质、品味方面，结合了一些内省的方式，让我们的私董和会员可以体验到通过事物来反观自己的现状及未来，留下一段美好的人生旅程。

这一场商业实战，通过早期产品的口碑效应和解决方案的群体聚焦，有效地吸引了非常多的中高端目标人群。在大家的共同推动下，产生了圈层空间，完成了中间阶段的破圈升级，构建了更广阔的资源平台，从而更好地满足了小部分超级用户更多元化的需求。大家同频认可，可以共创更多有共性需求的利他服务，从而在产品服务供应链端汇聚更多志同道合的事业伙伴，建立起完整闭环。在圈层的加持下，每个独立的个体都可以充分地展现各自的能力与绝活，增加财富和扩大影响力。将自己打造成贵人后，又可以接触更多的贵人，在贵人杠杆的作用下，在精神和物质方面更好地实现人生升级跃迁。

最后，是人生理念三利。在亲身经历了这么多场商业实战后，我深深感受到终极的经营都是人性的经营。无论是面向客户，还是面向员工、股东，付出者收获这一理念都是人性经营的核心秘诀。当大家都不愿意先付出的时候，我们可以先迈出最开始的一步。付出的过程，就是表达态度、传递善意、展现能力和资源的过程。相互认可、信任、同频的人会感受到这份美好，也同样会敞开心扉，这一过程也是筛选志同道合的朋友的过程。爱出者爱返，福往者福来。当你身处一个圈层或经营一个圈层的时候，还会产生一个更好的结果，那就是当你能够利人利己时，更多圈层内的伙伴看到或感受到这种力量，也会如法炮制，那么这种付出者收获的理念就会在圈层内流传。这是我常和很多企业家朋友说的最有效的商业模式：利人利己利大家。这其实也是人生经营的核心理念。这种理念是能够传递的、长大的、升级的，越是在这种理念的推动下经营自己的人生，贵人杠杆就越会发挥效用。

无论你在哪个行业，都可以在打造自身拳头产品的基础上，做好战略定位，做好圈层的构建，进而通过共创理念汇聚更多同频的事业伙伴，构建起不断提升财富和影响力的飞轮。**在自身成为贵人的同时，圈层内的贵人会不断出现，用好贵人杠杆，实现人生飞跃**。商业实战之路我会一直走下去，高效有用并且能够拿到结果的商业实战笔记，我会更好地总结出来，分享给同为贵人的你。

> 我很喜欢做小而美的心理工作室，把它布置成自己想要的样子，每天向美而生。

友者生存1：善用贵人杠杆

如何做一家小而美的心理工作室

■ 徐志鹏

心理咨询师培训导师
大鹏绘画心理研究院创始人
心理学超级个体共修营发起人

您好，我是大鹏，从事绘画心理咨询和教学已经 13 个年头了。我曾经是一名抑郁症患者，为了自我救赎，大学报考了心理学。毕业几年后，在北京创办了一家小而美的心理工作室，名为"大鹏绘画心理研究院"，经过 7 年的沉淀，又陆续在全国开设了 100 家分院。

这 101 家心理工作室规模都不大，最小的只有十几平方米，最大的也就两百多平方米，平均一个工作室也就三四个人，但我们经营得还算不错，足以支撑我们做自己喜欢的事情，既能够自度度人，还能够实现时间和财务自由。

我不知道你是否也想拥有一家小而美的工作室？先别着急开始，我先跟你分享一下我的故事，希望对你有所启发。

理想很丰满，现实很骨感

我出生在偏远的山区，我妈怀我的时候，因为经常吃不饱饭，营养不良，我生下来只有三斤六两。我从小到大没有买过新校服，都是捡邻居家哥哥姐姐的，我的父母工作很努力，但总是在贫穷的深渊里挣扎。

我在很小的时候，就默默发誓，我一定要换一种活法，掌握自己的命运。**对于农村的孩子而言，读书是改变命运的唯一机会**。为了抓住这个机会，我拼命地学习，高中时因为学习压力过大，我整夜整夜地睡不着，患上了重度抑郁症。

为了把自己从痛苦的泥潭中拯救出来，我大学报考了心理学专业，很幸运，在抑郁的状态下，我依旧考上了辽宁师范大学，学了我最想学的心理学。通过心理学的学习，我摆脱了抑郁和失眠的困扰。

可是当我深入学习心理学以后，我猛然发现，心理学就业非常艰难。我从大一下学期开始就在校外的心理咨询中心实习，虽然做心理咨询是按小时收费的，看似几百元钱一小时，却有价无市、门可罗雀，很多的心理咨询中心连房租都赚不回来。

做科研是一种选择，但需要读博，甚至要出国，我想早点赚钱，减轻家里的负担，于是舍弃了这种选择。去中小学当心理老师也可以，但据我了解，每个月只有三四千元钱的工资。

我记得上大学的时候有一个学长，非常有情怀，专业能力也很强，在大学门口开了一家心理咨询室，咨询室非常小，大概就十几平方米。那个学长每天苦苦支撑，每个月勉强能赚到房租，他每天睡在咨询室的沙发上，吃泡面充饥。他经常组织我们去公益学习，每次去他那儿，看到他瘦骨嶙峋、苦苦坚持，我都感觉很心酸。我想，为什么这么有情怀、热爱心理学的人，却把生活过成了这个样子？

做心理学看似是一个蓝海市场，全国有几亿人需要做心理咨询，心理咨询从业者只有几万人，但说实话，心理咨询这个行业，没有外行人想的那么好做，很多心理咨询室都经营惨淡，相当多咨询师从业10年，却连自己的学费都赚不回来。

理想很丰满，现实很骨感，所以，从十几年前开始，我就一直在琢磨两件事情：**第一件事情，就是学习心理学专业知识和技能，你有了专业能力，才能帮助更多需要帮助的人；第二件事情，就是学习如何赚钱，你要先安身，梦想才能得以延续。**

专业能力、运营能力为梦想插上了翅膀

在创业做工作室之前，我先后在两家公司任职。一家是传统的心理培训公司，做课程研发和讲课，提升了我的专业能力；一家是在线

友者生存 1：善用贵人杠杆

教育公司，做线上运营总监，锻炼了我的运营能力。有了这两项能力，2017 年，我决定辞职创业，做自己的心理学工作室。

刚开始创业的时候，我对自己讲课还不自信，于是邀请一些专家授课，我做幕后操盘手。可是经营了半年多，效果并不理想，每个月都入不敷出，亏光了我所有的积蓄。有一次在邀请专家讲课的时候，我还被专家放了鸽子。

我心想，自己是心理学本科、家庭教育硕士毕业，我完全可以讲心理学知识，为什么非要花钱求人呢？于是硬着头皮自己上，一边直播，一边卖力地吆喝，求大家帮忙转发，直播一个多小时，把直播间的人气从 100 多人提升到了 4000 人在线。

我惊讶地发现，我讲课竟然这么受欢迎！于是，我决定从幕后走向台前，自己讲课，不请那些专家了。可是我讲什么内容呢？**我知道，讲一些零散的知识点是走不远的，必须要有系统的知识输出。**

虽然，我之前做了 7 年的"绘画心理学"线下培训，可是我觉得自己想要线上系统地输出，储备的知识还不够，于是，我又给自己半年的时间闭关学习，全身心研发"绘画心理分析与疗愈师"课程。这门课程我讲了 7 年，学员超过了 5000 人，也是因为这门课程，我在心理咨询师培训领域有了一席之地。

2020 年，我又开启了金牌导师培训，用 4 年时间在全国培训了 100 位金牌导师做大鹏绘画心理研究院分院的院长，在当地组织绘画心理咨询和教学。

2021 年，我又开展了儿童绘画心理辅导师认证讲师培训，用 3 年时间在全国培训了 400 余位认证讲师，大家在全国各地开展儿童绘画心理学培训数千场，用一幅画读懂一颗心，一个人影响一座城。

我觉得我是一个通过学习心理学改变命运的人，不仅摆脱了抑郁症的困扰,还把心理学变成了自己的事业,帮助了这么多需要帮助的人。

我对自己的定位不是行业专家,而是解决问题的实践家,我希望大家学习任何知识、技能,都要以结果为导向,将自己的所学应用到生活中去,帮助自己变得更好,帮助他人变得更好。这样,你既可以实现自我价值,也可以获得财务自由。

我常说,做教育是用生命影响生命。如果一个做教育的人,整天苦哈哈的,自己的生活过得一塌糊涂,每天谈情怀、谈理想、谈助人,这种人往往都是有心无力的,没有人真的会愿意被你影响。**我希望每个心理老师都可以活成一束光,谁接近你,谁就接近了光明,这也是对自己负责和造福他人。**

如何从零开始,做一家小而美的心理工作室?

做一家小而美的心理工作室,什么最重要?很多人说,选址很重要,选址的好与坏会直接影响工作室未来的发展,决定了你的客户人群。有人说,装修很重要,心理工作室的环境一定要温馨,让别人一走进工作室,就有被治愈的感觉。

我觉得他们的观点都对,那些是很重要,可我觉得,那些还不是最重要的。我们的101家工作室,大多数位置都很偏,我们的选址标准就是离家近,这样咨询师上班会比较方便;我们的装修也很普通,一张桌子、几把椅子就足够了。我们是如何经营的呢?我觉得以下三点尤为关键。

第一,定位要精准。什么是定位?就是你到底能为用户解决什么问题？一家心理工作室，想要赚钱的前提是你能够帮别人解决问题。用户有很多问题，比如，孩子厌学休学，夫妻情感破裂，婚姻难以挽回，抑郁、焦虑的情绪困扰，失眠多梦，身心疲惫等。你要做市场调研，看看市面上还有哪些问题没有解决、哪些需求没有被满足，而这些恰好是你能做的。当你能够为用户创造价值时，赚钱就是水到渠成的事情了。我的定位就是培养能够变现的心理咨询师，我们101家工作室，定位都会有差异，每家工作室都有自己的特色。

一开始做工作室，最忌讳的就是什么都做，结果什么都做不好，一定要提炼自己的核心价值，找到稀缺赛道，把一个问题解决好，成为顶尖高手，这样更容易做出品牌。

第二，设计产品矩阵。我想请你思考一个问题，你是先开工作室，再考虑如何做流量、如何设计产品；还是先设计产品，再开工作室、做流量？答案一定是先设计产品，围绕着你的产品去做工作室、去做流量。

为什么我们在全国的心理工作室经营得都还不错？因为我们的产品矩阵设计得非常好，我们的产品有两大类、四个梯度。两大类是咨询和课程，四个梯度是引流产品、信任产品、盈利产品和锚定产品。

比如，在咨询产品里，包括19.9元的绘画心理学体验咨询（引流产品）、800元的评估咨询（信任产品）、6800元的系统咨询（盈利产品）、19800元的陪伴式咨询（锚定产品）。在课程产品里，9.9元的绘画心理学体验课是引流产品、1980元的咨询师培训是信任产品、9800元的讲师班是盈利产品、58000元的金牌导师是锚定产品。

当你有了产品矩阵以后，你每年只需要深度服务10—20个高端用户，就足以养活一家小而美的心理工作室了。

第三，要有商业闭环。你开了一家工作室，有了定位，有了产品矩阵,可你的产品是不是用户需要的?我们并不清楚,那只是我们的一个猜想,我们需要做概念验证。怎么做概念验证?就是把你的产品推向市场,看用户是否买单,是否能达到预期的效果?

前期做工作室,一定要有迭代思维,小步快跑,快速试错。市场是最好的老师,得到反馈以后,快速地调整。比如,你做了一场9.9元的绘画心理学沙龙,你想转化1980元的咨询师课程,你要看转化率是否有50%。如果没有,就要及时复盘调整了。直到你能把产品、流量、销售、交付这一系列的环节跑通,那你的商业闭环才算完成。你只有完成了从0到1的概念验证,你才有可能不断地复制,走完从1到100的过程。

我很喜欢做小而美的心理工作室,把它布置成自己想要的样子,每天向美而生。投资很小,没什么风险,哪怕疫情三年,也丝毫没有影响。如果投资过大,经营压力过大,很容易急功近利,忘了初心。

做一家小而美的工作室,你可以很自由,做做沙龙,做做咨询,讲讲课,约朋友喝喝茶,既能帮助别人,获得认可和尊重,又可以挣到钱,养家糊口,这是我向往的生活,愿你也可以过上自己向往的生活。

> 世上若有救世主,那一定是你自己,真正能救你的,只有你自己,他人能够协助你,能够影响你、引导你,却无法决议你的荣辱。

友者生存1:善用贵人杠杆

人生最大的贵人,就是那个本自具足的自己

■ 宣盈

基金公司合伙人、产业投资人
中国首家集团化家族办公室传承研究院院长
全球高校上海校友会联盟理事

世间种子千千万,但能长成参天大树的并不多;地球上的人口已经有八十亿,但认为自己的一生过得圆满自在的人也是凤毛麟角。这是为什么呢?

年幼的我曾经天真地以为,只要考试成绩好,我就可以得到自己想要的一切。我在这样的期待中,从小学开始跳级,一路顺风顺水地考上家乡的重点中学、985名校,结果在大学毕业时发现,自己对学校外面的世界一无所知。

彼时,在体制内工作了一辈子的父母一心希望我能够按照他们的规划,考研读博,留校任教,对我擅自参加工作极其失望和愤怒。他们几乎不会主动跟我联系,只是时不时在QQ上转发各种跟提升学历相关的新闻,督促我仔细阅读。每次我想家、想得到来自父母的支持的时候,他们总是说:"某某叔叔家的儿子在上海工作了几年,觉得太辛苦了,还是回家了。某某阿姨家的女儿在北京住的房子又破又小,她忍不了,你肯定也不行,快回来考研吧!"

我没办法改变他们的想法,但我也接受不了来自父母一次又一次言语上隐隐的不信任和打击,几乎每次跟他们联系后,我都会大哭一场。对于扛不住生活压力就得回家被动接受安排、被掌控人生的恐惧促使我不断地拼命奋斗,坚决不跟家里要钱,用刚毕业微薄的工资来覆盖各项生活费用,可以说是捉襟见肘。

上大学期间,我有着充足的生活费用,出门就打车,经常逛街、买衣服、下馆子;然而毕业之后,我却精打细算,想尽一切办法省钱、攒钱。别的小姑娘有点钱就打扮自己,而我因为公司在昂贵的商务区,跟同事们AA外出就餐的费用,对那时候的我来说太贵了,所以只能每周末去批发市场集中采购,尽量在家做饭,第二天带到公司用微波炉加热。为了省点钱,每周都手提肩扛几十斤的东西,走路到

友者生存 1：善用贵人杠杆

地铁站坐地铁回家。因为每周一次采购的东西太多太重，我只能走个几百米，就在路边休息一下，再提起东西来继续往前走。到现在，我还清晰地记得，手指被沉重的塑料袋勒出深深印子的样子和整条手臂肿胀发酸的感觉。

虽然像很多初出茅庐的年轻人一样，我在工作中遇到了欺生、站队、排挤；尝试自己独当一面，不久就遇到了金融危机；因为不懂人情世故，闹出过很多笑话；我还是在攒到第一个二十万元的时候，马上报名了 MBA 考试；不管工作如何辛苦，不管遇到多大的工作挑战，我都告诉自己绝不能放弃，跪在地上也要扛下去；我几乎永远是公司最后一个下班的人，别人说什么，我都不在意。终于在工作五年之后，我成为这家五百强外企大中华区最年轻的销冠和最年轻的中层管理人员，在家乡买了两套公寓，并在 25 岁的时候在北京二环买了房子。与此同时，每个周一到周五的深夜加班，也不影响我长达两年在周末早起，往返奔波四个小时去上课，边工作边念完了 MBA，我的父母终于不再提让我回家工作和考研。

亦舒说："这双手虽然小，但是是我自己的手，能把所有没有的东西变为有。"我似乎终于靠着自己的双手，开始过上了自己想要的生活。我开始有多余的金钱买奢侈品，学着那些会享受生活的同事打造自己的"人设"；曾经因为加班过劳肥，但我靠自己的毅力，用三个月减掉了三分之一的体重，再次成为一个精致女孩；我摒弃了那些灰头土脸的过往，似乎再没有人看得出我曾经的疲惫和慌张。

多年来的努力打拼和小小成果让我相信：**心可以碎，手不能停，该干什么干什么，在崩溃中继续前行，这才是一个成年人的素养。**

我努力锻炼自己的技能和积攒资源，我极力让自己利他、自立，永远坚强和对他人有用，但是我似乎永远不能放松，永远焦虑，永远忙碌，永远停不下来。虽然我无偿无私地把自己的行业经验和客户资源给团队成员，但他们似乎总是达不到我的要求，我对他们总是不满意，总是觉得他们还可以做得更好，我把这一切归结为：他们不够好，也不够坚强。有的时候，我也会自省，但我不知道是哪里出了问题，为什么我付出了这么多，但是仍旧不满意、不快乐？

终于，在我30岁的时候，看似一切顺风顺水的我突然感到无比疲惫，我突然不知道自己继续拼搏是为了达成什么目标。工作多年，从未休过一天假的我选择了裸辞，在家里昏天黑地地睡了三天。

充分休息后，我开始漫无目的地看书，直到我看到了那本《遥远的救世主》，看后终于领悟：只有足够相信自己，才有前进的动力和源泉，才有凝聚的力量和信念，才有明确的方向和目标；能够内心安定于一处的人，是因为早已深深地明白，无论做什么事情，不是做给别人看，而是做给自己看，做得好与不好，只为对自己的良心有个交代，不必在乎他人的眼光和评论。世上若有救世主，那一定是你自己，真正能救你的，只有你自己，他人能够协助你，能够影响你、引导你，却无法决议你的荣辱。

我开始研习更多，史书、佛经、道学、心理学……我在大量而广泛地阅读众多哲学经典、历史故事和古圣先贤们跌宕起伏的一生传奇时领悟到：发大愿者必经魔考。

世上真正平安喜乐的人生其实是少数。生而为人，挫折总是多于顺遂，苦总是多于甜，石沉大海总是多于必有回响。那些百般允诺于你的诱饵，你要谨慎甄别：看似契合了所有向往的愿景，代价往往是放弃做你自己的资格，甚至会给别有用心者乘虚而入的机会。即使眼前看似得偿所愿，走入一个带来好处的角色和关系，你也需要一副必须日日取下来打理的画皮。人类总是高估改变自我的能力，你将要付出的，是今天你还看不见也预想不到的勉强与压抑，而正是这种压抑，带来了恐惧、压抑，成为人生无形的阻碍。

人活着是为了什么？我觉得就是为了好好地活着。

有了健康、财富和好的关系，想活得不好都很难，但好的事物是被好的磁场吸引来的，好的磁场是在人高能量的状态下自然散发出来的。一个内心有很多卡点、痛苦撕裂的人，是没办法保持高能量状态的。比如，有一些事情的进展不符合自己的期待的时候，心里会有情绪波动。有时候，因为内在的执着非常强烈，导致产生激烈的情绪。我知道它的背后是因为触动到我内心深处平时不容易觉察到的顽固与执着，但它究竟是什么？

我开始渴望内在的觉察力能够跟得上，能够真正地活在当下，觉察我思维之中的盲区；我开始期待向内求能够消除我对他人的执着，把长期贪嗔痴的生活方式，转化为轻松自在、充满智慧和慈悲的生活方式。法喜充满，本自具足。人生在世能靠得住的，靠因果而不是命运，靠自力而不是神意，靠真智而不是妄识。

我相信，大多数在生活中、关系中受挫的人，很容易受到各种短平快的"术"指导的诱惑。这不是什么羞耻的事。一切人生问题，难道人们不都是先被那种看起来最简单、最有效的方案吸引吗？但是人生没有捷径，想抄近路往往会浪费更多的时间。只有屏蔽一切外在的干扰，摒弃攀缘的烦忧和杂念，才能坚定不移地耕耘自己的心地，护持自身的力量，不再向外消散；无人问津也好，技不如人也罢，都要试着安静下来，去做自己该做的事情，反复淬炼打磨，才能把自己身上不需要的一切东西都剔除干净，之后那个能够散发出光芒的人，才是人生最大的贵人，那个本自具足的自己！

学习到并不等于能马上做到，生活中处处皆是修行。 我再一次回到了世界五百强公司任职,一路披荆斩棘,在三十出头的年纪做到上市公司总部高管,还找到了工作之外的很多兴趣爱好。曾经是书呆子、加班狂的我,似乎做什么都可以做好,在一个月内考了瑜伽教练证、在三个月内考了自由潜水教练和国际裁判证,还学习了风筝冲浪、滑雪、帆船,甚至还作为中国女子队成员参加了水下曲棍球亚洲杯比赛……还不包括仅仅因为兴趣,我和几个小伙伴共同帮助我的教练组建了中国最大的自由潜水俱乐部,并成立了这个垂直细分赛道的头部公司。

当然在这个过程中,仍然有许多不足为外人道的艰辛险阻,明枪暗箭常有,稍不留意就中枪。就像余华说的那样:"在夜深人静的时候,把心掏出来,自己缝缝补补,然后睡一觉醒来,又是信心百倍。"当我正视自己的感受,我不再拧巴,不再恐惧,我真的开始体会到这个宇宙生生不息的道法自然,我的内心开始平静而有力量。我知道,我内心有更大的能量,因为我看见了世界,看见了他人,看见了我自己。

我知道,生命会把我带到该去的地方,就像一朵花本来就要开,一棵小草本来就要发芽,我是一粒种子,具备生命需要的全部力量和智慧。

疫情之后,经济形势发生了很大的变化,我在这个关头做了一个决定:开始自主创业。先是跟伙伴们一起创立了自己的公司,2023年又开始尝试做个人IP。当然,把阵地从无比熟悉的线下转移到线上,对我来说是全新的挑战,各个赛道已经有知名的大V,各行各业都很"卷"。再一次从零出发,这两年大概是我长这么大最难熬的两年,也是让我成长最多的两年。我始终相信,上天安排我到哪里,都是为了让我去做自己该做的事情,遇见该遇见的人。

进窄门,行远路,见微光;定目标,闯难关,寻希望。

人生这条路很长,我们的未来是星辰大海,不必踌躇于过去的半亩方塘。那些曾受过的伤,终会化作照亮前路的光。迎着一束微光,潜心修行,虽然走得慢,却能看见满天繁星的闪烁、旭日东升的壮丽。追光的人,终会光芒万丈。

> 生命对我而言是一场自我求知、自我探索之旅。太多人只有一种活法，其实你可以有多种可能，超乎你的想象。

人生自定义——成功的对立面不是失败，而是你从未尝试过

■ 戴海燕

创业公司合伙人、公司 20 年管理者
正心格练字杭州运营中心联合创始人
6Q 高 EQ 智慧父母导师、樊登新父母讲师
国家心理咨询师、青少年潜能开发师
互联网成长教练、人生蓝图规划师

友者生存 1：善用贵人杠杆

我，毕业于浙江大学，在一家公司一干就是 20 余年，三点一线，披星戴月，披荆斩棘。这些年，汇聚了我所有的青春和激情，无数次奋战至凌晨，开过无数次的会议，做到了公司高管。

在疫情前夕，我生下了二宝女儿，二宝的到来及儿子的青春期问题，让我重新思考人生的意义，开始以一种完全不同的视角看待世界，怎么做让自己更有价值、生活更有意义？怎么才能有时间陪家人？怎么做才能让孩子们生活得更好？这些问题激励我做出改变和前进，人生下半场需要努力奔跑并加速。

我成为一名终身学习者，喜欢阅读，热爱运动。我考虑做一件事的思考时间很长，但一旦决定要做什么，就会当机立断。但加入青创和 6Q 教育这事例外——我快速做了决定，正所谓与你相逢，匆匆一瞥，看眼神，我就知道选对了。

线下，我是公司管理者、创业公司合伙人、6Q 教育高 EQ 导师；线上，我是互联网成长教练、早起营领教、樊登新父母讲师、高级家庭教育指导师、高级婚姻情感咨询师、人生蓝图规划师、潜能开发师，也是一个 16 岁男孩和 4 岁女孩的妈妈，在职场耕耘了 21 年。我线上的标签，是在加入青创后贴上的。2021 年底，我遇见了青创，开启了人生下半场，爱上了教育事业，找到了自己的人生方向，内心的笃定感油然而生。生命对我而言是一场自我求知、自我探索之旅。太多人只有一种活法，其实你可以有多种可能，超乎你的想象。

稻盛和夫说："当你感觉不行了的时候，那才是真正的开始。"我现在这种状态是自己想要的，对未来的安排也比较清晰。如果你想做出改变，你需要学会说："为什么不？"每个人的生活都需要有不同的可能，并且勇敢尝试，否则你怎么知道前方有什么呢？

真正让一个人变强的是痛苦

铁杵磨针,跬步千里,千万不要小看决心的力量,当时间通过复利效应累积起来,就会过江海至千里。

2022年,青春期的儿子迎来中考,因为青春期的叛逆问题一大堆,他的学习成绩从年级前20名掉到年级200多名,我每天接到老师关于儿子在学校的瞌睡、走神等问题,看着心疼,特别替孩子着急。平静下来后,我开始总结复盘,那时才发现复盘的强大魅力。

一个人的生活,10%是由发生在我们身上的事构成的,其余的90%则是由我们如何面对构成的。为了给孩子动力,我开始每天早起,从在书房学习搬到坐在儿子卧室对面学习,手抄《道德经》,也带着当时2岁多的女儿一起学。儿子一开门就看到我在学习。成年人的学习,必须放在孩子躲不过去的场所,学习是光明正大的事,让孩子看到,有利于一起学。

开弓没有回头箭,我进入青创和6Q教育学习,决定进入教育赛道。不管多么困难,都咬牙坚持,就这样,我一边忙碌地工作,一边高效地学习。一切终将过去,所有的付出都是值得的。

在学习过程中,我整个人变得平和,更多地去欣赏、发现儿子的闪光点,进入短视频平台,开始直播,学习高效能人生实战训练营的课程、高EQ智慧父母课程,开始了忙而不乱的生活。我让儿子看到了探索不一样人生的可能性,与时间赛跑,让他看到妈妈在多么努力地突破自己。

在我的影响下,儿子也开始早起,到现在,他无论寒暑假,都习惯性早起。通过我的影响和儿子最后的冲刺,他考上了市重点高中。

我深刻地感受到：为人父母，不能因为工作忙而忽略孩子的成长。为人父母应该做不可替代之事，陪着孩子一起长大，而不是教他长大，用家庭环境影响孩子，永远做一名求知若渴的学生。想让孩子做什么，父母就先做什么，把自己变成孩子最好的榜样。孩子健康成长，和我心灵相通。这段时间，并非只有孩子受益，我自己更是受益匪浅。

专注你的下一步

"让自己变得更好是解决一切问题的关键"这句话持续给我注入力量。

从出生到现在，我仿佛一直在学习，但当我来到青创和6Q教育，才知道什么叫高效学习、什么叫智慧父母、什么叫高情商沟通，建立了清晰且可落地的个人发展金字塔模型，并一点点去完善、修炼，专注成长，我有了脱胎换骨的变化。

我关注家庭教育、青年教育的动力，来自对青春期儿子的教育需求和对二胎女儿负责的初心。为了提升自己的认知，我靠近"牛人"，跟他们一起在正向的环境里不断精进。我结交了很多高势能的朋友，不仅帮助自己提升了思维方面的认知，也不断地影响身边人进入学习的场域。

和趣味相投的人在一起，彼此的高能量相互传递，大家同频共振、相互激励，每天在这样良好的环境中滋养彼此。

消除焦虑最有效的方式是学习。跟优秀的人在一起，真的可以收获更多的成长，你会心情愉悦！学习，是门槛最低的投资，破局唯一的方法是持续学习，找对平台，跟对人，加油向未来。通过不断的自我学习和精进，以及高效的自我管理，我在多重身份中切换，从容地应对每一个角色，坚信坚持的力量。

自利则生，利他则久，把利他之心变成底层思维

线上，我是早起营领教、赢效率手册陪伴营教练，也是高效能实战训练营的陪伴教练，为学员答疑和赋能。我的学员有公司高管，有大学老师、大学生，还有职场妈妈等，我特别开心可以和志同道合的人一起做事、一起早起、一起运动、一起云学习，看到小伙伴们通过自己的改变去影响孩子、温暖家庭。

目前，我已帮助100多人养成早起读书的好习惯，帮助100多人构建高效能自我管理系统。冯唐老师说："当我们能做好每一件不起眼的日常小事，那么把事做成就可能是个常规动作。"有小伙伴说："燕燕老师，你这个人很好，特别真诚，也愿意帮助别人，替别人解决问题。你什么时候来我们这里，我真想见见你……"其实我知道她想表达的是她通过小事，看到我是一个利他的人。当说的人多了，我就思考这是不是能够作为我的一个身份？

想着想着，潜能开发师、人生蓝图规划师……在我脑海里一闪而过，我开始努力学习相关知识。当我在社群发出人生蓝图拆解招募通知时，小伙伴们快速接龙。关于工作、家庭、生活的问题，他们都敞开来聊，问我的建议。正是他们这些反馈，让我开始做更多的一对一咨询和潜能开发，我内心感受到从未有过的愉悦，咨询过后的成就感让我能量满满。

真正的学习能够解决我们生活中的难题，而且让人越来越愉悦。

有一种热爱是发自内心的喜欢，还有一种喜欢是能够帮助他人解决问题的初心。

线下，除了本职工作外，我也是 6Q 教育高 EQ 导师。在线下，我已开展多场读书会，让更多父母走进智慧父母读书会，提升身心能量和情商智慧，一个充满联结与爱的教养、灵魂碰撞，拥有优质社交资源和释放积压情绪的场域，让我们与孩子、与爱人踏上相互支持的成长之旅，让世界减少隔阂和痛苦，多点包容、理解和爱。父母好好学习，孩子天天向上。我感受到成人达己的愉悦心情，也渐渐看清自己的使命！

"自利则生，利他则久！"未来，我相信还会服务更多的家庭和青年，发挥自己的光与热，助力家庭和青年成长与成功。

随遇不安，始终更新

回顾前半生，无论是多年的职场生涯，还是人生下半场开始进入教育赛道，我确定要做的事，就会努力去做，去完成自己想做的事。

写这篇文章，不是因为我是谁，而是因为我身上发生的转变。每一次转变，都是"成为"的过程。

从大学毕业到工作，从工作到结婚生子，我没有远离过父母，没有什么生存压力，也没有什么野心。那时，我的人生，随遇而安。

现在的我，关注教育，不断自我迭代，成为 6Q 教育高 EQ 导师、互联网成长教练……持续前行，也结交了很多互联网及教育相关的朋友，向强大的组织与人学习。

越是接近 45 岁，我越被苏东坡"一蓑烟雨任平生，也无风雨也无晴"的豁达感动。家庭教育与青年成长成功，是我人生下半场渴望出发、潜心学习和研究的领域,也希望持续影响更多的人,帮助更多人成长。成人达己,在实现外部价值的过程中,展现个人价值。有梦就追,年龄不是问题,任何时候出发都不晚。

你不需要很厉害,才能开始,但你需要开始,才会变得很厉害。人生就是一场自我探索之旅,愿你我在充满未知的路上,永远不要为自己设限,探索属于自己的使命,相信自己有无限可能。我愿意用生命影响生命,点亮自己,温暖他人,仰望星空,脚踏实地,越真实,越强大。愿我们都能够找到那一件可以长久做下去的事情。

希望自己是一盏灯,点亮自己,照亮他人。

> 我相信，人生所有遇到的问题，都是认知的问题，只有不断学习，才能突破与改变。

友者生存 1：善用贵人杠杆

为什么要修建财税护城河

■ 杨惠芳

会计师事务所和税务师事务所创始人
中税协高端人才和卓越税务师
有 25 年财税行业经验，专注于解决中小企业财税问题我是杨惠芳，铭审会计师事务所、瑞扬税务师事务所、瑞扬管理咨询的创始人。

25 年来，我专注于审计、财税咨询、财税筹划，每年帮助 300 多名客户保证财税合规，累计帮助客户创收节支数亿元。

我发现，所有见过我的人，对我的印象，早年是学霸和考霸；近 20 年，我一直在专业路上行走，大家对我的印象变成了诚信、靠谱。

我之所以能够成为资深财税专家，得益于 25 年的从业经历和 3 次转型。我做过 23 年注册会计师、20 年注册税务师、18 年资深国际注册会计师（ACCA）、25 年财务税务顾问、19 年会计师事务所创始人、18 年税务师事务所创始人。3 次转型，让我从非财务专业领域走入财务领域，从员工成为老板，从行业新兵变为行业资深人士。

你是否想知道我是如何成为财税专家的？我先跟你讲一下我的故事，希望对你有所启发。

学习成长阶段

我出生在兰州的一个普通家庭，上学期间一直是一个学霸，毕业于兰州大学生物系。因为专业冷门，毕业后没找到喜爱的工作，经过很多尝试，拼命努力，都没能过上想要的生活。对生活极度焦虑和迷茫，精神紧张，甚至一度开始抑郁！

好在天无绝人之路，经过深思熟虑，我决定转行，瞄准了前景大好的注册会计师，于是进入了考证的阶段。

我在 1 年内考过了税务师、资产评估师，2 年内考过了注册会计师，2005 年成为 ACCA 会员，2008 年通过司法考试。

进入财税咨询行业后，我夜以继日地向行业前辈们学习，拼命钻研，每年帮助超过100名客户保证财税合规，曾参与和担任多家上市公司、世界500强企业和拟上市企业的审计及财务咨询、纳税筹划等业务负责人，并取得较高的客户满意度评价。

2004年底，我创办了一家会计师事务所。2006年，创办了一家税务师事务所，每年可以帮助300多名客户保证财税合规，并取得客户好评。

然而，好景不长，行业进入商业饱和期，陷入市场价越走越低、成本越来越高的怪圈。

怎么样突破困境？我相信，人生所有遇到的问题，都是认知的问题，只有不断学习，才能突破与改变。

于是，我报了各种管理学课程，并获得了东华大学的硕士学位。2020年，我开始学习生涯规划课程、高考志愿咨询课程、优势课程、新媒体写作课程等。

在一次和优势课程导师见面的过程中，我遇到了生命中的贵人苏姐，了解到商业是有闭环的，成功是有路径的，于是，我开始学习商业思维！

通过给企业做财税咨询，我看到很多客户到处"救火"，又忙又累；还有股东反目，公司破产；甚至税务稽查不断，公司焦头烂额……

其实，根本原因就是公司的运营没有财税护城河。

为什么要修建财税护城河？

我们经常会看到上市公司公告，说因为取得财税不合规，补税及滞纳金罚款达到数千万元，更有甚者，公司老板和财务被判刑。为什么会这样呢？相对来说，上市公司的财务是比较规范的，但还是会存在财税不合规的风险问题。你的公司是不是也存在财税不合规的风险呢？原因就是你没有财税护城河……那什么是财税护城河呢？它有什么价值呢？

护城河是为了防守而修建的一种河道，创办企业也需要打造护城河，以降低创业风险。巴菲特说过："伟大的企业必须有伟大的护城河，一种是低成本，一种是大品牌。"**既然低成本是护城河，修建财税护城河的目标就是要降低成本、降低风险，即财税护城河就是企业为了财税合规而做的降低成本或损失、降低风险的各种措施。**

那为什么需要修建财税护城河呢？因为企业财税不合规，会面临以下隐患。

公户私户不分，升级无限责任

很多企业为了降低成本，做了各种尝试，但是不小心掉进了一些坑。比如，为了避税，公户私户不分，企业收入由私户直接收款，公户付个人和家庭支出，这个坑不知道你有没有踩过？

如果你现在还这样做，一定要小心了！**首先，你会面临巨大的税务风险**。私户收款一旦被税务机关查实，不仅要补交税，还要加收滞纳金和罚款。**其次，你有可能会多交税**。因为应该由公司承担的费用没有入公账，就会导致公司多交税。还可能因公户私户不分，造成股东长期占用公司资金，如果年底之前仍未还清，按税法规定，应当视同公司对股东的利润分配，需要征收20%个人所得税，这无疑加重了股东的负担。**更严重的是，如果你成立的是一人有限责任公司，如果股东不能证明公司财产独立于股东个人资产，股东须对公司债务承担无限连带责任，这无疑加大了风险。**

在大数据监管背景下，税务风险警钟长鸣

不知道你会不会有这样的想法：我的公司只要注销了，税务局就不会找我了。事实上，根据税法规定，纳税人存在偷税、抗税、骗税行为的，将会无限期追查！

2023 年，广西南宁税务局就有一个案例，某个体户在 2020 年 5 月 9 日注册，2021 年 1 月 4 日注销，在 2022 年 7 月竟收到 11 万元的罚款决定，为什么会这样呢？因为该个体户经营部在经营期间开了发票，公户上无支付购货货款的记录，而私户上有大笔资金往来，受票方没有物流信息，经营部没有正常支付房租、水电、工资等费用，不符合正常公司的经营状况。

在金税四期的大数据下，只要涉税违法，想通过注销公司逃脱责任是行不通的。

在大数据监控下，隐藏在底层、灰色的交易会很快露出水面。我们每个人都在税务系统业务流程的全监控中，大数据可以给我们每个人画像，比我们更了解自己，知道我们的偏好和特性，因此我们需要时刻关注自己是否触碰红线，尤其银行流水是否存在不合规的情况。总之，通过企业的负责人、股东、员工的私人账户走账的风险越来越高。

收到异常、不规范发票的风险无法预测

发票是企业会计核算的重要原始凭证之一，对企业发生真实业务往来具有强有力的证明力，因而也是税务机关重点稽查的对象。在现实中，因各种原因，企业往往会遇到取得不合规发票的情况，若未能及时识别不合规发票或者未能及时合规处理，会受到税务机关的处

罚，引起不必要的税务风险。

企业为什么会取得不规范的发票？**第一个原因是很多企业有隐藏的成本、一些难以言明的成本，根本就没有办法去取得发票。第二个原因是有些企业的利润确实太高了**。这就取决于企业的性质，有些行业的产品就是成本很低、利润很高，这并不是缺进项的原因，这可能会促使企业虚开发票。**第三个原因是对于企业的供货商缺乏管理，贪便宜，找到一些开不了票的供货商来供货**。从某一种角度来讲，便宜的不过是税费罢了。

对于取得虚开发票，既有可能被认定为"让他人为自己虚开增值税专用发票"，又有可能被认定为取得虚开的发票违规抵扣进项税以逃避缴纳税款，构成"偷逃税"。如果被认定为偷税，由税务机关追缴其不缴或者少缴的税款、滞纳金，并处不缴或者少缴的税款百分之五十以上、五倍以下的罚款。构成犯罪的，依法追究刑事责任。开具发票不管是自行开具，还是去税务局代开，业务真实才是最重要的，脱离了真实的业务就属于虚开，会有偷税漏税的风险。

账外无票收入不报税，税务风险大

你会不会也有这样的想法：只要不开具发票，就不需要申报收入。税法规定：未开发票收入也需要如实申报，否则会产生滞纳金和罚款。那为什么会产生不开票收入呢？因为有些销售业务，对方不需要发票。在实际生活中，有很多对方不需要开票的例子，比如对方是个人消费者。还有很多企业做的线上电子平台销售业务，比如天猫旗舰店，消费者不会主动在后台申请开具发票。

福建就有个案例：没开票，但有报税，也被罚款了。2022年8月，税务局说某培训公司已经申报了158万元的营业额，但是从未申

友者生存 1：善用贵人杠杆

领过发票，属于应当开具却未开具发票的行为，情节严重，根据《中华人民共和国发票管理办法》，要罚款 5000 元！该公司在经营过程中，没有顾客向公司索取发票。该公司不服，就问税务局，这处罚是否合理？国家税务总局福建省 12366 纳税服务中心在 2022 年 8 月 9 日答复："根据《中华人民共和国发票管理办法》第三十五条，违反本办法的规定，有应当开具而未开具发票情形的，由税务机关责令改正，可以处 1 万元以下的罚款；有违法所得的，予以没收。"因此，应当开具而未开具发票或者未按照规定的时限开具发票的，由税务机关责令改正，可以处 1 万元以下的罚款。

目前，越来越多人选择自主创业，初创企业越来越多。很多企业在成立初期多关注销售、产品和技术，忽视了对财税加强管理和规避风险。企业的经营者要明白，财税对于企业而言，是运营的命脉，也是一个企业长盛不衰的根基。创业者要是不懂修建财税护城河，是很吃亏的。**毕竟，对中小微企业来讲，修建财税护城河能合理节税，减少不必要的开支，是一件性价比非常高的事情。**

> 态度发生改变，一切都会发生改变，但改变不能一蹴而就，所有的宏伟计划都是慢慢实现的。

破界——让可能变成现实

■ 杨敏

爱利特阅读创始人
儿童（阅读）行为研究者
儿童行为健康发展研究者与倡导者

友者生存 1：善用贵人杠杆

如果我一直在他人期待的边界内活着，也许我就不是我了。

如果我一直在自己认知的边界里行动，也许我的前半辈子会如深冬被厚厚的雪层覆盖的冻土，即便冰雪消融，看到的还是被深埋的死寂。

破界是一种偶然

上小学二年级的时候，我荣幸地被选为学校腰鼓队的预备队员，这是一种无比的荣耀，要知道我们学校的腰鼓队是全市最好的腰鼓队。

为了不被淘汰，天资愚笨的我在每天中午午休集训后，会自己对着学校东北角的一棵老松树练习，直到上课铃声响起。初学腰鼓的人都经历过小手指被磨破皮并肿得像个包子的时候，那种钻心的疼痛，我一辈子都不会忘记。

一天……三天……十天……无论晴雨，日复一日。

幸运之神在眷顾你的时候，从来不会和你说"Hello"！

我笨拙的练习被一双锐利的眼睛关注了很久。那个时候的我，还没有意识到自己的人生正悄悄地发生改变。直到我在工作的第一年创造了 1200 万元的营业额，直到我有幸到大学任教，直到我在工作的第一个十年建立了自己的阅读品牌 SUNSHARE READING 并把无数孩子送进世界顶级学府，直到我在工作的第二个十年，有勇气倾家荡产，投入研发，创立了一套改变儿童心智行为的成长系统，**我才有所觉知：原来那双关注我、敦促我、欣赏我、信任我的眼睛改变了我的一生**！

二十世纪最杰出的社会心理学家之一埃利奥特·阿伦森（Elliot

Aronson）在他的自传《绝非偶然》里写道："人格和能力并非一成不变，在社会的洪流中，每个人都有向好的权利。"我"向好"的愿望被无限放大，让我有力量一次又一次从破界的考验中杀出一条血路！

破界是一种态度

全世界第一个提出"用行为强化与干预的方法，以（多语）阅读为媒介，号召天下父母每天用5分钟交流式陪伴的方式训练孩子心智行为"的就是本人，基于此，我还创立了我的第二个阅读品牌ELITE READING。

这套训练系统我研究了十三年，实践了十三年，成就了众多家庭，但，也困扰了我十三年！

身为父母的我们，在孩子面前绝大多数时候都有一种莫名其妙的权威感，受到有失偏颇的自我成长认知和传统家教的影响，我们往往习惯了直接对孩子下达命令且指出孩子的缺点，这种教育模式直接影响了孩子的主观能动性和自信心的养成。

上一代人延续着上上代人的习惯，这代人抱怨上一代人的教育方式，却又潜移默化地延续着他们抱怨的教育方式。

这种无力感，只有当了父母的人才懂。

这种无力感，也被自然而然地平移到了我们的工作和事业中。

这十三年来，为了研发这套系统，为了让团队明确地知道我要干什么，我用家长式的口吻和家长式的期待指挥着团队作战；我也用我个人认为最好的方式培训来自全国各地成千上万的阅读指导师。与此同时，我习惯了用亮眼的结果数据和专业术语"教化"家长。

无数个夜晚的失眠，深度思考后的痛定思痛，使用自我剖析法后下定的决心……可是到了天明，自我制动机制就像上了发条的机器自动运转，不受我的控制——一切的一切，都没有改变！

一个自诩以改变个体行为特长的我，难道就不能改变自己的交流方式吗？能，必须能，一定能！我意识到：其实改变一点都不难，难的是你有真的想改变自我的态度。

态度发生改变，一切都会发生改变，但改变不能一蹴而就，所有的宏伟计划都是慢慢实现的。

2018年，我开始向身边的家长、朋友们请教，恳请他们帮助我，只要遇到他们听不懂的话，就立刻打断我，让我重新表述一遍。

2019年，我开始尝试优化阅读指导师培训的结构，从"理论和案例分析式"到2020年在线培训的"理论—案例—demo"式，再到2021年后的"理论—单一行为分析—案例—demo—实战运用"式。2023年，我准备全部推倒，重新构建阅读指导师培训结构，让所有阅读指导师一听就懂，一听就会，一听就能落地，一听就能输出。

这得感谢我自己，愿意走出自己的边界，不断学习，打破自己故步自封的观念，成就第三个十年全新的自己。

我真的万分感谢我的运气，在跨领域学习的第一次培训中遇到了这个行业天花板级的老师——周宇霖大师兄（老师不喜欢别人叫他老师，大师兄代表了平等、尊重、互相学习和独立）。我能向这么优秀的老师学习，能和这群高势能的同侪同行，我感到无比幸运！

破界是一种认知

在我持续创业的过程中，我说得最多的话是"我们不是教阅读的"。我个人非常抗拒别人对我们的这种误解，但这世界上绝大多数人的思维模式是"我看到的就是我觉得的,我觉得的就是真相"。

限制个人事业发展和企业发展的根本原因,既不是产品能力,也不是技术能力,而是你如何改变用户对你或你的产品的认知。

改变用户认知之前,我们得有能力改变自我认知。改变自我认知的能力,是破界的前提。

那么,什么是认知呢?认知,是指人们获得知识或应用知识的过程,或信息加工的过程,这是人最基本的心理过程。它包括感觉、知觉、记忆、思维、想象和语言等。人脑接受外界输入的信息,经过头脑的加工处理,转换成内在的心理活动,进而支配人的行为,这个过程就是信息加工的过程,也就是认知过程。[①]

我来讲个故事:草原上两头狮子为了争夺猎物,打得头破血流,此时有人拿走了它们旁边价值连城的宝石。狮子并非没有能力保护宝石,只是它们从来不认为宝石比猎物更值钱。狮子的行为受到它本能脑的控制。

为了让我的用户撕掉"我们是教阅读的"这个标签,让我的用户快速精准地理解"用行为强化与干预的方法,以(多语)阅读为媒介,号召天下父母每天用 5 分钟交流式陪伴的方式训练孩子心智行为"这句话,我就得打破我的固有思维和个人认知上限(我以前总觉得懂我的人自然会懂我,不懂我的人,任我如何解释都是枉然。我不需要为不懂我的人服务。——多么愚昧的认知)。

从去年下半年(也就是 2022 年秋,我冒着生命危险高龄诞下老二的时候)开始,我就尝试调整我和团队的话术,并于 2023 年春正

[①] 彭聃龄. 普通心理学 [M]. 北京:北京师范大学出版社,2010.

式办起了"父母周末学校"。在每周 30—90 分钟的父母课堂上,我们为父母们分解每一个阅读动作背后的原理以及能达到的行为强化目标,让父母们深入了解每一个行为能解决什么儿童成长问题。

所有上了 ELITE READING 父母学校的家庭,不仅为他们的孩子提供了健康的成长环境,而且包括亲子关系在内的家庭关系也得到了优化。越来越多的人知道我们是做儿童行为强化和修正训练的单位了,这是我和团队提升自我认知后达到的新境界,我们为自己点赞。

破界更是一种清零的勇气

人生的路,并不总是平坦大道。

我在 2020 年疫情最严重的时候遭遇了事业合作伙伴、十年老友的背叛。

当我鼓足勇气重新开始,并在事业发展势头非常迅猛、一切朝着好的方向迈进的时候,人性又一次败给了利益。

我是乐观的人,但乐观不是屡遭坎坷的理由,更不是在同一个地方重复跌倒的借口!

痛定思痛,我知道问题的症结在于我没有商业意识和对商业缺乏敬畏之心。 我所有的合作都是以人情为先,以共恰为先,最后才是商业。这样的我,很愚蠢!

既然从科研转到商业,我就得有能力为这种转型负责。

既然想推广自己认为非常有价值、有意义的事,我们就有责任让更多的人了解我们、加入我们,让我们的孩子能在一个健康安全的环境中成长,这不仅是一个家庭的事,更是全社会的事。

我时常在想，如果可以重来，我希望我能过什么样的童年？

我憧憬着我童年里有小桥流水，有同伴嬉戏，有偶尔脱离爸爸妈妈的视野、自己撒欢的快乐，有当英雄的勇气，更有老师的认可，自己觉得自己非常优秀的厚脸皮，还有那永远不会缺失的来自爸爸妈妈温暖的怀抱和相信我是宇宙第一的眼睛。

友者生存 1：善用贵人杠杆

构建好创业的防御和成本系统，降低企业的破产风险，让企业活得更久一点，每时每刻都做好准备。下一次危机来临时，你就不会惧怕。

全方位布局，让企业活得更久

■ 押花姐

连续创业 18 年的外贸企业家
智障残疾人中心 3 年押花公益老师
8 个月自营 6 套民宿、陪跑 6 套民宿疫情肆虐，三年如一梦。

我是一个小微企业的女性创业者。在疫情第一年，全国有500家连锁店的公司欠款100多万元，迟迟不付，那一年的春节，员工工资都是我借钱发的。追债的时候，什么带着父母去拉横幅之类的招数，我都想过，但是作为一个女性创业者，还要同时照顾4个老人，我没有时间去做这些事情，只能每个月发函，每个月追款，有点空闲就跑去对方公司当面追债。后面用了1年半的时间，才收回60%的货款，仓库堆满了专门为他们定做的货物，80%都只能报废，公司的现金流元气大伤。

第二年，我接了个上市公司的设备零件订单，前面几个月还好，谁料半年后也开始拖欠货款，我又开始走上追债的路，财政危机接踵而至，一切似乎失控。并且因为疫情的原因，客户采购量呈断崖式下降，整个公司已经没有现金流了。

我开始自救，贷款、卖房、卖车位。卖房牵扯到7个人的产权，其中有1个已过世，为了找他二婚的妻子，我跨越了二省四市，了解《中华人民共和国继承法》的人应当清楚，这不是一次就能解决好的，所有的事情都不在自己的掌控范围内。这是最难熬的时光，我创业以来第一次碰到谷底，也是我人生50年来的谷底。

我出生在黄河边，从小在农村跟外婆长大，上小学才回到在长江边当工人的父母身边。在党校学习过的母亲，因亲眼看见她妹妹被火车碾压，"文革"的时候又被游街了一个多月，最终患上了精神病，仅能生活自理。打有记忆开始，我就成了家里的主要劳动力，每天早上5点起床，给全家每个人蒸个馒头，周末就水煮一锅菜，全家吃两顿。母亲发病的时候很可怕，对陌生人有抵抗情绪，会用砖头砸人，后来我才发现，砖头并没有扔出去过，只是她为了保护自己而作出的

友者生存1:善用贵人杠杆

一种姿态。一直到2021年,母亲76岁过世,我父亲一直没有抛弃她。曾经因为母亲和家中的三个孩子,父亲不堪生活压力,喝药自杀过一次。还好我发现得早,找了邻居帮忙送去医院,不然我后面的人生很悲惨。万幸生活的重担并没有压到我身上,父亲被抢救回来了,我继续保持着对生活的乐观态度。

10多年前,从15岁相识、相濡以沫到36岁的先夫因为癌症,还差几天,最终没能迈过36岁那个坎。那时,儿子刚上初中,我的事业刚起步,这个变故直接将我打倒。我花了2个月时间才愿意走出小区大门,然后只能将公司转让,重新在小区里开始创业。我花了3年时间,才接受那个人不会再出现在你生命中了的事实。

由于疫情,公司陷入了困境,所有需要解决的事情都不是一下可以解决的,我还要处理一起生活的四位老人(前婆婆跟前婆婆的后老伴、自己的父母)的生活琐事。我想人活着是为了什么?自己这么努力,为什么还一直为生活发愁?我开始对生命充满了怀疑,因为赚的钱要养孩子,还房贷、车贷,用于公司运营,尤其是成为妈妈后,基本大部分时间都花在养孩子这件事情上了,花在自己身上的时间和金钱真的很少很少。我一直很努力,为什么还这么辛苦呢?

我人生的前半场是读书、工作、生孩子、养孩子,我人生的后半场应当会是这样:孩子结婚、孙子/女出生、带孙、等待离开这个世界。当年我从中石油买断,就是因为在20岁左右就一眼看到了我的未来,于是35岁下岗,提前退休,然后在2000年不甘心地来到了广州。虽然打工的日子很辛苦,曾经也睡过地板,被摩托车持刀抢劫,住过简陋的出租屋,但是我每天都在学习,每天都在进步,每天都对这个世界充满强烈的好奇心,自然工资也在不断学习中增长。

疫情第二年,我接触到自媒体,那时已经感觉整个人都在朝抑郁方向发展，目前偶尔也会有短暂的抑郁。为了让情绪不要一直低落，我在自媒体上学习剪视频，做老年用品赛道，下班后的 4 个小时都被剪视频填满了。

押花是我在网上看自媒体的时候，偶然进入我的视线的。看着将一片片花瓣和树叶经过干燥处理后，做成画框、相框、书签、钥匙扣、项链、耳坠等，保持花原有的形态和颜色，不像学画画那么枯燥，需要掌握很多技法。它把大自然最好的一面留下来，也开启了我人生的另一扇窗。**学押花以来，我的心态变得平和，情绪稳定**。虽然初始做出来的作品并不怎么样，但捡叶、押花的过程很治愈。我会为了押花，凌晨去芳村花市买花，会为了野花野草专门去一趟山上，会把所有旅游的目的地安排在乡村或者山野，只为了去寻找没有押过的花材。每经过一棵树，我会看它的叶是否适合取材；看到每一朵花，我会想它是否可以入画。为了押花，我在河南投资了 100 亩的大红袍花椒地，因为那里到处有野花野草，天气干燥，适合押花。我的生活有了新的寄托。

我请老师来家里一对一教我押花，还在网上学押花的课程。我花了一个月时间，将广州图书馆、黄埔图书馆所有关于押花的书籍看了两遍，从日本和台湾地区订购押花书籍，学习押花的各种技法和知识，参加押花变现活动，如押花培训、押花集市。

在寻找花、树叶以及做各种押花产品的过程中，教残疾人做手工也进入了我的视线。

我想，是不是可以将押花课程教给残疾人？当时，我在网上联系到一家特殊残疾人中心后，第一次看到这群特殊的孩子，给他们上课，你会感觉到你的重要性，因为每个人会不停地问你，需要你的帮助，你得保持足够的耐心，随时安抚他们的情绪。下课后，学生会帮

友者生存1：善用贵人杠杆

忙收好老师的工具，会重复地说某个事情，不管什么时候都说"新年好"。我开始每周上一期押花公益课程，后来一个月上一到二期，到2023年底，共坚持了1年半。为了学习押花，我还去台湾跟旅法艺术家学习了8天。

在做公益坚持了两个多月的时候，有一个国外的客户询盘电子元器件，于是我每天要从以前的工作7小时，变成白天在公司上班，凌晨2—3点在网络上班，共12个小时左右。短短4个月，月销售额从人民币2万元增加到150万元，人员仅增加1人，生意逐渐走上正轨，公司业务整体悄然转向跨境电子元器件与芯片领域。

公司业务在发展，公益在继续做，2023年8月，公益机构搬到了稍小的场所，看着学了1年多押花的学生，他们的父母有些已经白发苍苍了，未来他们靠自己如何生存下去？这个公益机构能管他们多长时间？能不能将他们的产品变现？

我开始对接山西的一个外贸团，用他们18年的跨境经验以及我的手工做一个公益项目：帮助残疾人将手工作品卖向全球。教残疾人跨境创业，希望未来能帮助更多的残疾人。

我创业6次，失败4次。疫情期间，企业专注于单一赛道，从2023年开始，本着鸡蛋不要放在一个篮子里的想法，我开始布局副业之路：2023年，开了2个城市民宿，投资了100亩大红袍花椒地，周末做手工培训，还因为已经在人生路上拥有多重角色：女儿、儿媳、婆婆、妈妈、创业者、手工爱好者、理财能手、丰田精益管理者等，帮创业时陷入迷茫的朋友快速找到最适合他们的解决办法。**我也不断向别人学习，积累了很多人脉资源。**

构建好创业的防御和成本系统，降低企业的破产风险，让企业活得更久一点，每时每刻都做好准备。下一次危机来临时，你就不会惧怕。

友者生存 1：善用贵人杠杆

如果一个人只帮助他人，不向他人求助，能量就无法流动，你也很难跟他人建立更深的联结。

如何向上社交，获得贵人运？

■ 洋星

CEO 精力管理教练
高能创业圈创始人
百亿公司合伙人

友者生存1：善用贵人杠杆

我是洋星，是一名 CEO 精力管理教练以及创始人 IP 教练。我介绍一下我大概的人生经历。我出生在江西吉安一个非常贫穷的农村，读书成绩也一般，大学上的是一个大专院校，读的软件开发专业。毕业后，进入一家世界 500 强公司，工作了 7 年，先后从事过质量管理、项目管理、人力资源管理等工作。

2012 年，因为想锻炼身体，我开始跑步。没想到一跑就跑到了现在，坚持了十余年，完赛 28 场马拉松。

2015 年，我创立了中国首个专注零基础跑步的训练营品牌——开跑训练营。在全国开展了 37 期跑步训练营，累计培训跑步学员 12000 人。我曾为腾讯、华为、万科、联想、深湾会等企业提供跑步培训服务并在北京体育频道、腾讯网担任马拉松赛事解说嘉宾，也担任过深圳、杭州、临沂国际马拉松的主教练，为专业选手提供指导。

2017 年，因为想提高自己的精力，研究精力管理至今。2019 年，我正式成为一名精力管理教练，创办精力学院。目前，在全国上了几十次精力管理课，其中，在 2021 年上了一次 100 人的精力管理大课，在 2023 年举办了中国首届精力峰会，累计服务学员近 2000 人。

2021 年，我转型做创始人 IP 教练，仅 2 个月，我的视频号就吸引了 10000 个粉丝，个人单月变现 50 万元，3 个月吸引了 20 万名用户，辅导其中 3 名学员半年变现 100 多万元，辅导学员累积变现 1000 多万元。

读万卷书，不如行万里路；行万里路，不如阅人无数；阅人无数，不如贵人相助。我一个从农村出来的人，一步步成为一名收入还不错的 CEO 精力管理教练、高客单 IP 教练，一路少不了贵人的相助，身边的人都觉得我联结贵人的能力非常强。

现在，我就把自己实践的经验提炼成三条心法，分享给大家。

第一条：一定要有一个 80 分的技能

跟人打交道的基础就是你要对别人有价值！ 所谓的人脉要符合三个条件：**你能帮到的人、他能帮到你、他愿意帮你。**

我从 2012 年开始跑步，那时候市面上基本没什么跑步的书籍，只有一本很贵并且是繁体版的书，我买来然后仔细地读，同时，我还去各个网站上面学习别人跑步的经验。2013 年，我来深圳的时候，加入各个跑团跑步。跑团里面有非常多的高手，因为我的跑步知识和方法比大多数人都要多和好，于是他们就经常约我带他们跑步，这让我非常意外。在我带的跑友当中，就有一位我生命中的贵人，我当时想创业，但感到迷茫，他在选择方向上给了我非常宝贵的建议。

后面，为了让这个技能更加突出，我把市面上所有跑步的书籍都买回来学习，而且还把市面上能考的跑步教练证书都考了一遍，同时还写了大量的跑步文章。这些方法我觉得其实适合大多人用来打磨自己的技能，做到这几点，你的技能基本就能达到 80 分。

通过跑步，我有机会认识那些处于财富高阶的人。后面我在创办精力学院的时候，也得到了他们中很多人的支持。所以，**如果你想有贵人运，第一条心法就是打磨自己的技能，让自己变得更有价值、更贵！**

第二条：一个善于求助的人，才能善于帮助他人

我不知道有多少人跟我之前一样，主动帮别人可以，但是不敢向别人寻求帮助，尤其是不敢向比自己厉害的人求助。

友者生存1：善用贵人杠杆

我记得，我之前想找一个非常厉害的人来我的社群里做一次分享，但是我就是不敢开口，觉得在微信上跟人家聊会显得不太真诚。

思来想去，我觉得还是约他跑步，在跑步的时候跟他说比较好。但是到了跑步当天，我见了面也不敢说，东拉西扯，一起跑完15公里，拉伸都结束了，我还是没说。最后要分开的时候，我才支支吾吾地说出来，紧张到竟然都快发抖了，没想到的是，对方想了一下，竟然答应了。

后面，我仔细反思自己，关键障碍是担心求助的时候别人对我的看法，担心别人觉得我很势利，这个想法一直困扰着我。有一天，上完贺嘉老师的私房课，我们一起吃饭的时候，他给我分享了他对于求助的看法：**有任何问题，都要善于向别人求助，因为当你向别人求助的时候，其实也是在跟别人建立一种更深的联结**。这个认知的改变对我后续的帮助特别大！

不过这里有一个前提，就是你的求助是基于你们两个人的关系的。你不能向一个刚见面不久或平时没任何联系的人提出不合理的求助，那肯定会被拒绝，而且还有可能被拉黑。两个人的关系，一般都是慢慢地因为相互之间的帮忙而变得越来越深。

为了发售我的精力学院合伙人，我去找了一位身价过亿的高手来支持。一开始，我想得特别多，担心这，担心那。因为我之前帮过她，我也确定我能帮到她，于是就勇敢地跟她说我需要她的支持。

刚开始，消息发出去后，她没回我，我心想：糟糕，不会不理我吧？然后上演一堆内心戏。没想到过了半小时，她回复："可以。刚才在忙，没看到消息。"后面，我们的关系也就变得越来越好了，她还经常向别人推荐我，说我是她的贵人，我特别开心。

如果一个人只帮助他人，不向他人求助，能量就无法流动，你也很难跟他人建立更深的联结。如果你帮助了一个人，向他提了合理的求助，他没理由地拒绝了，那只说明你确认了你们的关系不适合更深的联结，你提前发现了这一点，不是更好吗？所以，真正的贵人是那些能够帮到你、你也能够帮到对方的人。而且你跟贵人真正建立联结，一定是从他帮你开始的！

第三条：付费是联结贵人最好的方式之一

贵人有一个特点就是时间很贵，所以联结贵人的方法其实很简单：先花钱和他产生关联。

高手们在大部分平台上都有自己的账号，如果遇到比较困扰你的问题，可以去付费咨询。虽花了钱，但比询问周边的人或一个人瞎琢磨要靠谱得多，这样也会大大降低你的决策成本。付费咨询的核心是让我们少走弯路。

2021年，我在上完一位老师的线下课后，觉得他在成交方面能给我很大的帮助，于是毫不犹豫地付费成为他的合伙人，后面又成为他的私教学员，原因很简单，就是值！超值！

自从付费打通了成交卡点，我的人生就很顺利。 我从来没想到，自己也能吸引学费为3万元/位的用户，而且招募特别顺利，3个月就招募了50人。之前，我的精力管理线下课都只有十几二十个学员，最少的一次只有5个学员，后来竟然有100多个学员。我3个月的收入，竟然比原来1年的收入还要多。

我很感谢自己的一个习惯，那就是只要是我想进一步联结的人，在我力所能及的范围内，我都会尽量付费给他，去表达我的认可和支持，尤其是熟人，更要拿真心和真金去对待，去产生更深的联结。

> 追梦路上，砥砺前行，不惧，无悔！

友者生存1：善用贵人杠杆

凌晨四点的小时光

■ 易益

上市公司商学院院长
武汉大学硕士
好讲师全国总决赛优秀评委（连续9届当选）
资深培训师（品牌课程"好课炼成记"）

第一次跳级

尽管已经过去多年,我依然记得小学一年级开学的第一天。

可能因为兴奋,那天醒得特别早。多早?天还没有亮,扫了一眼墙上的钟,凌晨四点!

太早了,继续睡!心里是这样想的,大脑却不听指挥,一会儿想着,为什么幼儿园同班的小朋友都升大班,而我升一年级;一会儿又想着今天将穿着新校服,背着新书包,踏进新学校、新教室,遇见新老师、新同学,一切都是新的……

翻过来翻过去,越想越睡不着,最后,小小的我一骨碌爬起来,麻溜地穿上新校服,麻溜地洗漱完毕,麻溜地背上新书包,坐在房间里等。

据说,我从上幼儿园开始,就是自己起床,自己穿好衣服,坐等父母送我上学,所以父亲来房间看到我都准备好出门的时候,一点都不惊讶,而是笑着摸了摸我的头。

出门的时候,天依然没有亮。从我们家前面的小路拐到大路上的时候,我依稀看到不远的前面有一个人在疾步行走,再前面还有人推着车在前行,小小的我立马就感慨起来:"哇,原来还有起得比我们更早的人呐!"父亲顺着我指的方向看过去,不疾不徐地说了一句:"莫道君行早,更有早行人!"

可能因为当时周围很安静,也可能因为父亲说得抑扬顿挫且很大声,有种振聋发聩的效果,总之我被震撼到了,第一次感受到文学的力量。带来的影响就是,在后来的求学生涯中,我一直保持着每天晨读 1 小时的习惯,读语文,读英语,上学的时候在教室里读,放假了在家里的阳台上读，直到我毕业后进入职场。

回过头来说一下我为什么会跳级，是因为当时我母亲说："今天去学校，老师说玲玲（我的小名）什么都会了，不要浪费时间读大班了，直升一年级算了。"父亲想了想，说："好！"后来，我才知道，这叫跳级！

如果说求学生涯的第一次跳级是老师和父母共同作用的结果，那么第二次跳级完全是我的个人选择！

第二次跳级

"铃铃铃"，凌晨四点，闹钟响了，我打开台灯坐起身，拿过枕头旁边的《时事政治》，开始读起来。

那是2003年，大学毕业赶上"非典"，无法南下找工作，我决定考研。跟父亲商量的时候，父亲说："考上公费研究生就去读，没考上就去工作。"

三个月后，我考上了，而且是公费（不仅免学费，每个月还发300元的生活补贴）。

多年后，同学聚会，同学们说，那个时候只看到我从早上8：00图书馆开门，到晚上11：30图书馆熄灯，除了吃饭去食堂，其他时间都如老僧入定般坐在图书馆复习，风雨无阻。其实他们不知道，我每天的考研备战从凌晨就开始了。为了不影响室友，到考研备战倒计时一个月的时候，我干脆在校门口租了一个小单间，只为了凌晨4:00—6:00能多出两个小时的有效复习时间。

以下是我考研备战倒计时一个月时的作息表。

4:00—6:00，背《时事政治》、英语各1小时。

6:00—7:30，睡回笼觉，保证一天的精力。

7:30—8:00，吃早餐，进图书馆。

8:00—23:30，在图书馆复习。

23:30—24:00，洗漱就寝。

后来的故事是，读研两年后，学校试行研究生两年学制，我们这届开放了提前一年毕业申请。我申请了，并顺利完成毕业答辩，完成了我求学生涯的第二次跳级，也做成了我求学生涯最厉害的一件事——22岁，拿到武汉大学管理学硕士学位！

从 0 到 1 创建商学院

"王太太，你要不要坐下来写？你已经站着写了一个多小时了！"

进入职场第 5 年，也是正式进入培训赛道第 2 年，怀胎 8 个月、挺着大肚子的我站在桌子前敲键盘，准备明天的内训师项目结业会演的总结报告和内训师课程的重磅发布。

经王先生提醒，我才发现真的站得有点久了，于是坐了下来。因为大肚子的关系，我没办法久坐办公，只能站一会儿后再坐一会儿，不停地切换。

这天下午，我刚给 10 位内训师做完最后一次辅导。他们从 50 余位内训师中脱颖而出，明天将接受高层领导的检阅。转培训岗两年来，看课件、改课件、评课件、讲 PPT、开讲师沙龙、训练内训师，这些就是我的工作。像今天这样的集中辅导，每两周就有一次，一对一的辅导交流更是天天有，只要内训师有需求，我 24 小时在线。

2023 年，我给自己制定了目标，要在项目结业的时候，完成自己的品牌课程"内训师编-导-演三位一体"（这是最早的版本，后来几经改版,才有了现在的"好课炼成记")。

睡到半夜,我被肚子里的宝宝踢醒了,睁开眼睛,睡意全无,我摸了摸肚子:"聪聪宝贝,辛苦你陪我一下,我快大功告成了!"以最小的动静起床,蹑手蹑脚地走进书房,翻开小本子,上面记录了昨天下午辅导内训师时遇到的难题和我想到的解决方案,还记录了内训师课件里的一些内容,可以当作正反案例。

我打开电脑,一点点地往课件里填充内容。

合上电脑前,看了下时间,凌晨四点,我摸了摸肚子:"聪聪宝贝,睡觉去啦!"宝宝好像听懂了,也不知道是挥了两拳,还是踢了两脚,肚皮上有两处各鼓了一下,我也轻轻地各回拍了一下。

2天后,我下班回到家,发现书房多了一套办公座椅。

先生说:"这是完成目标的礼物——适合孕妇的办公桌椅,高度可调节!"

我说:"从此妈妈再也不用担心我挺着大肚子办公啦!"

入职第10年,我母亲从老家过来陪我小住。

那段时间,我刚接到一个新课题:筹建公司的商学院。

最开始,我根本不知道从哪里下手,我的大脑自动开启了"任务—学习—解决方案"的模式,买书,听课,与商学院院长、企业大学校长、资深的企业顾问进行主题交流。就这样,工作日被工作行程占满了,周末被学习交流行程占满了。

边工作边学习,边研讨边筹建,最开始是一个一个零散的点,慢慢地是一个一个小小的模块。顿悟出现在一个星期六的晚上,当时我怎么也睡不着,大脑很兴奋,一直在思考几个关键问题的答案。最后,干脆爬起来,在一张大白纸上开始逐块拼接内容,屋顶、地基、顶梁柱,这里有盲点,那里还有空白,通通标出来。

画着画着，有种打通了任督二脉的兴奋，赶紧打开电脑，打开了《商学院筹建规划》文档，手指飞快地在黑色键盘上敲下一行一行的文字。等到大脑终于罢工，再无产出的时候，我抬眼看了下时间：凌晨四点！伸了伸懒腰，喝了口水，钻进被窝就睡了，这一觉睡得特别踏实！

五一假期的最后一天，我送母亲去高铁站。临进站时，母亲说："我这次来小住，本来是想照顾照顾你，只是你每天起早贪黑，虽然同住一个屋檐下，但见你的次数屈指可数！工作固然重要，但也要注意身体！我回去了，我和你爸一切都好，不用太担心！我下次再来看你！"看着母亲的背影消失在进站口，一转头，我哭得稀里哗啦。

13天后，5月20日，商学院正式挂牌成立，我走上了新的培训征程，也做成了我职业生涯中最厉害的一件事——33岁，从0到1创建一所商学院（收费制）！

故事到这里，就讲完了，这不是一个关于"我和凌晨四点有个约会"的故事，这是一个关于梦想、目标与奋斗的故事！回首我的求学生涯和还不算长的职业生涯，每一段"凌晨四点的小时光"虽然只是一个个片段，但正是这一个个片段铸就了我每一个坚实的脚印，也将继续谱写我接下来的人生。

即将翻开新的一页，我写了一行文字，在中间页留白——追梦路上，砥砺前行，不惧，无悔！

> 中年人的真正职场危机是年龄的劣势,如何规避劣势并将劣势转化为优势才是关键。

友者生存1:善用贵人杠杆

我的中年危机解除之路

■ 赵赵

连续创业者
新材料科技公司董事长
猎聘(厦门)人才机构精英人才首席顾问

前言：万万没想到

疫情暴发那年，我从一家主板上市公司离职，再次扬起创业的风帆。朋友们听闻我又恢复了自由身，于是，每周都有一两拨人邀我品茶、看海、爬山。他们跟我一样，都已步入中年。在他们身上，我看到了一个个曾经的我，在人到中年的危机和焦虑的沼泽里负重前行。

我身边的这些朋友、昔日的同事，无论现在是职场的高管，还是小有成就的创业者，在外人看来，都有着初入职场者望尘莫及的职位，拿着不菲的年薪，或是从上班一族成功转型为创业者，做着自己想做的事业；也有的朋友在一家公司一干十几年，原地踏步，被小自己十几岁的领导批评和践踏，郁闷至极；也有的朋友曾经是职场上年薪百万元的高管，如今年龄大了，被职场抛弃，换工作一次比一次差，现在高不成低不就，躺平又不甘心。有个朋友曾经把自己的公司做到在行业内小有知名度，现在却负债累累，想东山再起，无奈大势已去，找不到方向，不知何去何从，痛苦着，迷茫着。

这或许就是很多人到中年时的真实写照。他们被人到中年的危机感和焦虑深深地束缚着，就像戴上了一副沉重的镣铐，生活的步伐迈得如此沉重，感觉生活的快乐与幸福的彼岸是如此的遥远。每次和他们聊完，我都有一种探监的感觉，我在外，他们在内。是的，我早已从这座无形的监狱中逃离出来，生活、学习、工作变得越来越从容。于是，我萌生了一个强烈的想法，想把自己的中年危机解除之路分享出来，分享给更多的朋友，希望给那些还在月黑风高的沼泽里挣扎的人们点亮一盏灯。

不知道自己想要什么，注定活得像个游魂

踏入社会十年、二十年的人，觉得自己的阅历挺丰富，见过很多世面，懂得很多道理，却生活不如意，没有幸福感，没有信心过好这辈子。这种心境，你有吗？

我曾经也有同样的困惑，困惑到失眠，困惑到怀疑人生。在那些辗转反侧的漫漫长夜里，我把自己从肉体中抽离出来，飞到空中，鸟瞰那个躯壳和自己一模一样的人，审视他、解剖他、理解他、接纳他的一切，再和他对话，于是找回了自己，找到了答案。

寻找掌控情绪的密码

我的那些朋友们，告诉我一件很懊恼的事：当他们面对家庭和职场的不如意的时候，他们控制不好自己的情绪，总是把最糟糕的一面给了身边的人，事后又自责，自责后又重蹈覆辙。虽然看了很多书，听了很多课，但是无效。

我曾经是个重度焦虑症患者，无法控制自己的情绪，碰到一点不如意的事就想发火，自己都觉得自己很讨厌，于是我想去找一位高僧取经。那时，离公司不远处有一座千年古刹，我给寺里捐了4000元钱，还安排公司的基建部门给寺庙修补禅堂屋顶，帮寺里打掉了大殿门口树上的马蜂窝。寺里会办公软件的小和尚离职了，我就主动去寺里帮老方丈做 Excel 表格，录入捐款人的名单和捐赠金额。有时，帮老方丈帮到半夜，我就用手机的光照着崎岖的山路独自下山，一边下山，一边想着要像出家人一样淡泊和平静，每天笑容满面。和老方丈

有点交情了,他请我吃寺庙里的斋饭,带我到他的茶室品茶,教我打坐……

可是,一年过去了,我还是那个我,并没有什么改变。

在管理情绪的历程上,我总结出一个公式:

事情的结果－你对人对事的期望值＝你的情绪

举个最简单的例子,你期待你的孩子这次考试得 95 分,结果他只考了 65 分,你的情绪像伸手不见五指的黑夜;你期待你的孩子这次考试得 60 分就行,结果他考了 65 分,你的情绪像蔚蓝的天空。

这个公式我屡试屡爽,已经深深刻到我的骨子里了。焦点放在自己身上,而不要总放在对方身上。不可控的是结果,可控的是你可以设定对别人的期待值。

这个公式,用在这个例子以外的场景,又何尝不是如此呢?

普通人成功与幸福的基石

我给普通下的定义,是针对那些还没有实现财务自由的人。

普通人穷其一生要去罗马,可有的人就出生在罗马,也有人身上流淌着逆天改命的血液,披荆斩棘,一路狂奔,终到罗马,欣赏着满园春色、星辰大海。

在我不断成长的路上,有一位导师,他也是一名投资人。早在十多年前,他的财富积累就已过百亿元。他在全球有几万名学员,我也是其中之一。我看他推荐的书,在他的社群里打卡。他讲认知,讲学习力,讲逻辑,讲沟通,讲亲子教育,讲如何洞悉这个世界的本质,讲如何把握赚钱的风口。我视他为我生命中的贵人,让我不断脱壳,不断进化。

对这位导师真实世界的一丝窥探，引发我的思考：作为一个普通人，寻找成功与幸福，应该往哪里攀爬？

徐霞客一辈子都在游山玩水，他用自己喜欢的方式度过了一生。用自己喜欢的方式度过一生，听起来是那么诱人。可你是否知道，徐霞客的父母是很有钱的，有丰厚的物质基础。你我皆普通人，我们家里都没有矿，所以，还是做个普通的俗人，先赚钱吧！不然，你面对的都是嘲讽自己的打油诗和到不了的远方。

中年职场，以优雅应对年龄劣势

我有另外一个身份，我常年担任猎头机构的精英人才顾问，还担任过十八期的电视台职场真人秀栏目的特邀嘉宾和职场导师，加上我在企业做高管的经历，我面试了不计其数的应聘者，也辅导了不计其数的精英人才去企业面试。每次和别人交流时，他们提及最多的就是职场人际关系复杂，应付起来心累，总想跳槽到一家关系单纯的公司去工作，或者认为爬到更高的职位，人际关系就单纯了。

在这里，我郑重地告诉你，放弃这样的幻想吧。

在我做高管时，就拿我最后一家上班的公司来说，我的直接上司就是集团总裁。虽然我对下的关系处理相对简单些，但是公司股东之间、老板与老板娘之间的观点和风格大相径庭。这个公司虽然是一家A股上市公司，但管理系统并没有我想象中的那么规范。经营指标未达成已经让我压力很大，加上要处理股东之间的矛盾，我常常夹在中间，苦不堪言，弄不好就得背黑锅。

有人说，外资企业比国企和民企的人际关系单纯很多，但这早已是过去式。有些500强外资企业高管在跟我交流时，有一半以上都感叹人际关系太复杂，这是他们想跳槽的主要原因之一。

有人说，佛门净地的人际关系应该很单纯吧？可北大才子柳智宇，出家12年后还俗，他坦言："寺庙的人际关系更复杂。"

中年人在职场，通常处于中高层，中高层所面对的上下及横向关系本来就不单纯，这不是逃避就可以解决的事，所以你的焦点不应该放在这里。中年人的真正职场危机是年龄的劣势，如何规避劣势并将劣势转化为优势才是关键。

我在这里透露一个不为大众熟知的真相。

我在担任猎头机构的人才顾问时，经常要和那些猎寻高级人才的企业老总对话，因为只有充分理解他们的发展战略，才能帮他们梳理出所需求人才的核心胜任能力。这时，用人单位的一把手常常会把门关起来，和我做很私密的沟通。沟通的内容基本上是对公司不少中高层人员不满意，特别是年龄没有优势的，想找人来替换。老板们还特别交代，要秘密进行，除了他这个一把手，连公司的人力总监都不能透露。

这就是让人有点扎心的真相，无论你职位有多高、资历有多深，老板经常是一边用着你，一边嫌弃你。当备胎找好了，时机成熟了，你才会感受到暴风雨真的来临了。

阳光灿烂的时候，也是修补屋顶的最佳时候。中年人在职场的最佳姿势是不要等着被裁，而是主动地去铺垫自己下一站的职业通道，构建自己的职业护城河。

人力资源体系健全的公司通常会有一个自己的人才库，从外部收集关键岗位替补人选的信息，而猎头公司更是想方设法、无孔不入地扩充他们的私域人才库。你要解除你的危机，就把你的简历发给他们，进入他们的储备人才库，及时更新和同步你的个人履历。当你在构建了上百个外部职业通道后,你会发现,你的危机感没有那么重了,经常有人打电话、发邮件跟你说,有一个比你现在的薪水更高、平台更大的机会,什么时候方便聊聊?

看似竞争力不够的年龄,其实不是什么大问题,很多企业都愿意高薪聘请像你这样有阅历、有沉淀的职场"老鸟"。

结语

当你也找到了那条自我拯救的路,从危机和焦虑的监狱里逃离出来,你会感觉自己像个少年,天依然很蓝,花依然很香,梦想就在前方,等待着你去追逐。

我很高兴能与你分享我的成长和蜕变的心路历程,但这只是一个开始,更多的分享在我的抖音号、视频号和直播间里等着你。让我们一起见证彼此的成长,成为更优秀的自己!

友者生存1：善用贵人杠杆

> 只要你勇敢地去追求自己的梦想，去追求自己的幸福，你一定会遇到那些愿意帮助你的人。

勇敢地追求梦想，让自己也成为贵人

■ 周阳

腾讯志愿者协会前会长

互联网公司总监

金融数科副总

多所大学就业创业导师

友者生存1：善用贵人杠杆

时光荏苒，岁月如梭，转眼间，我毕业工作十年了。在这个互联网飞速发展的时代，我很幸运地赶上了这个红利的十年。在这十年里，我先后在腾讯集团、美团集团、蚂蚁集团等知名互联网公司工作，积累了宝贵的经验和技能。而在这些成就的背后，众多贵人提携和帮助过我。在这篇文章中，我将分享我的成长历程和心得体会，希望能给正在职场中奋斗的年轻人一些启示和帮助。

进大学之前的我，对人生、对未来是迷茫的、没有方向的，只因为偏爱编程和计算机，所以选择了信息工程专业，因为那时的我希望开个自己的博客、写点QQ空间"说说"罢了。

2011年，BBS已有20万名注册用户。我第一次来到中国互联网站长年会，这次大会给了我人生的第一次机遇。在大会上，我有幸认识了很多影响当今互联网的大佬们。在那次大会上，我懂得了什么是努力，什么是认真。

我从早期免费版Discuz的5d6d论坛起家，到成为Discuz新星站长，乃至后来的年度Discuz开发者，这一切都源于我的大数据老师王永恒的一句话："周阳，去关注下BBS，你看大家在上面可以交流兴趣，可以互动，还可以作为电子商务平台卖商品。"

在大会结束后不到半个月，我想用我在学校所学的PHP语言和MYSQL技术，做一些验证和思考，也得益于自己的敢想敢做，我创办了鼎艺科技工作室，基于Discuz开发了多款PHP插件、模板，其中赞助插件、QQ校友模板皮肤等的下载量连续18周位于下载榜榜首。2012年，我先后打造了匿名聊天网站QingChat轻语网、Q友聊天网站爱Q中国网两个平台，在2019年关闭网站前，总注册用户数为213.8万。其中，爱Q中国网在上海、重庆、北京、杭州等地都设了分站。

当时，在我辅导员丁敏老师、郑玲老师的推荐下，我带着团队参加了含金量最高的大学生赛事——全国高校三创大赛（创意、创新、创业）。我印象特别深，是因为当时有个华东理工大学的教授评委提出：我们的网站并不属于电子商务范畴。而那时锋芒毕露的我搬出了百度百科的解释和定义，于是我们的作品展示就比别人多了几倍的时间。最终，我们代表学校获得了首届大学生电子商务大赛一等奖，并在全国决赛中斩获一等奖。

也就是从那时开始，我的论文在《电子商务》杂志上发表，《文汇报》有一个版面的专门介绍，我第一次有了站在聚光灯下的感受。

我完全不会预想到接下来的十年，我的人生会发生什么，我脑海里想的都是如何享受每一天的幸福生活。至于工作，就凭当时学的专业，找一份写代码的工作就好了。但现实给我们的惊喜，往往是完全出乎意料的。毕业那年的 9 月 25 日晚，我激动地告诉我的辅导员丁敏老师，我收到了腾讯公司的录用通知书。

毕业工作的十年，仿佛一个长篇小说的开篇，充满了悬念与未知。

初入职场，迷茫、焦虑、挣扎

初入职场的我，跟大多数人一样，是青涩与迷茫的。前 3 年，我非常有干劲，也获得过不错的成绩，特别是身在腾讯战略核心的部门，倍受重视，每一款产品都是高星级大作。然而，经历了多次组织变动后，没有资源、没有营收的小众作品需要大作来弥补，以保持整体盈利。当初项目组里有成就感的工作变成了小模块定向支持，一人负责十余款产品，我开始变成一颗螺丝钉，毫无成就感，也看不到未来,迷茫、焦虑、挣扎,我很痛苦。

我总希望获得更多的认可,很努力,却得不到期望的结果,甚至遇到接二连三的挫折。这期间,一次偶然的公益项目交流,让我遇到了为爱黔行公益组织的吴建林老师。他从清华大学毕业后,就开始做公益,他说关于公益的每一件事都能让他心灵宁静,忘却痛苦。

热衷公益,学会感恩,学会温暖他人

加入腾讯志愿者协会,兼职做员工公益其实并不容易,最大的压力来自别人质疑我的工作量不饱和。但是看到一些因为父母是艾滋病人而留守在家的孩子,一些云南、贵州的孩子住在泥瓦房里,每天上学要翻越两座大山,上到高中了,可能也只见过一次电脑,我很心酸。他们渴望学习,渴望改变自己的命运,我希望能为他们做点什么。

回来后,我发起了淘退笔记本捐赠的项目。历经 4 个月,横跨财经线、物资仓储、运维、内审等多个部门,推动员工退库资产的二次利用,联合京东 3C 数码事业部和京东公益部门,把 32 台电脑捐赠给了上海春禾青少年发展中心(春禾公益),用于贫困地区孩子们的电脑教室建设。慢慢地,我从一个员工志愿者成长为腾讯志愿者协会的会长,也获得了腾讯公司最高的优秀理事奖的荣誉,得到了腾讯高层的肯定,**学会了感恩世界,学会了温暖他人**。

重新出发,尝试突破,折腾不止

我重新思考了人生,明确了我要做什么、我要成为谁、我的梦想是什么。但很快,我发现了一个问题:没有深入参与公司管理和运营的我，是无法判断一家公司是否有发展前景的。虽然身处互联网顶尖的公司，参加各种活动，听大咖们演讲，获得了大量信息，但毕竟不是自己的亲身经验，于是我决定要离开舒适圈，重新出发，积累新业务的操盘经验。

从一个游戏策划，跳槽到美团干起了金融支付，这样的一次转变，得感谢我的美团张滨海导师给予我的机会。这就是一种贵人杠杆效应。

想象一下，你是一个勇敢的冒险家，站在一座巨大的山下。这座山是你想要攀登的目标，但是它陡峭而险峻，许多人望而却步。正当你要开始攀登时，突然出现了一个机会，有人拉了你一把，让你能够轻易地越过困难，到达山顶！

美团的公司文化讲的是基本功练习，一个运营不仅要会写PPT，还需要用SQL做取数分析。张滨海导师严谨认真的工作态度、深厚的专业知识和丰富的管理经验让我受益匪浅。正是他的耐心指导和鼓励，让我在职业生涯中不断成长。不久后，我便入职了蚂蚁集团，负责支付宝的支付业务增长。

种下梦想，开放、真实、帮助他人

在一次朋友的聚会上，我有幸结识了一位投资圈高手，她提议我多去展现自己，通过表达和演讲来提高自己的短板，希望我能站在聚光灯下去面对今天的自己。我通过家人、朋友和同事的调查和建议，结合我自己的履历和经验，最终将自己定位为增长策略讲师，并签约80分运营俱乐部等平台，在36氪的翎氪App上做行业点评分享。

也是在那个时候，结合自己的公益心、爱心梦，我开启了线上数字支教的讲师历程，利用周末等闲暇时间，为留守的孩子们授课。我

友者生存 1：善用贵人杠杆

还时不时回到学校，带领学弟学妹们做一些专业项目实践，分享职场成长的感悟。

不久前，我很荣幸以分享嘉宾的身份，参加了 2023 年世界人工智能大会，并在会上围绕 AI 人工智能在银行运营中的潜在关系与机会，与来自广发银行、翼支付、申万宏源证券的金融专家就金融行业数字化转型主题进行分享及探讨。**一切的一切都源于自己的乐于分享、乐于交流，才有了一次次机遇和硕果。**

每一段经历都有价值，毕业十年，我很感谢我的同事和朋友，他们在我的工作和生活中提供了很多帮助和支持。在我遇到困难时，他们伸出援手，给予我鼓励和支持；在我取得成就时，他们和我一起分享喜悦和快乐。他们的陪伴和鼓励让我变得更加自信和勇敢。

感谢贵人相助，让我在职业生涯中取得了不小的成就。我深刻认识到贵人相助的重要性，也明白了自己要如何去成为一个更好的贵人。**未来，我将继续努力成为一个优秀的职场人，用自己的行动去回报那些曾经帮助过我的贵人。**

除了在职业生涯中的成长和进步，这十年中，我也收获了许多人生的经验和感悟。我明白了人生的意义在于不断地追求自己的梦想和价值，而不是被金钱、地位和名利所迷惑。我也明白了真正的成功不是一蹴而就的，而是需要不断地努力和付出。同时，我也学会了如何平衡工作和生活的关系，保持身心健康。

最后，我想对每一个正在阅读这篇文章的人说：不要害怕向别人寻求帮助，因为在你的人生中，一定会有贵人出现。只要你勇敢地去追求自己的梦想，去追求自己的幸福，你一定会遇到那些愿意帮助你的人。而当你也成为别人的贵人时，你会发现这是一件多么美好的事情！

> 友者生存1：善用贵人杠杆

> 不是你不行，而是自我设限太多。敢于尝试，人生才能有更多的可能！

从月工资1800元到年入200万元的成事心法

■ 卓雅

北京慧美文化品牌创始人

高客单发售教练

一年带学员累计变现1000万元

友者生存1：善用贵人杠杆

我的故事

10年前，我大学毕业，拎着一个包就来到了北京。

应聘到大兴区一个镇上的一家服装公司做助理，工资1800元，租了一个只容得下一张床、一张电脑桌的房子（原来是仓库），周末休息就去市里一家形象美学机构做助理，就这样开启了我的北京生活。

那时，外面下大雨，屋里就会滴小雨。如果是晴天，下午1点时，一缕阳光会从窗缝挤进来，停留10分钟，我总是喜欢闭着眼睛靠过去，梦想着未来自己在北京的生活：有一天，可以租一个有阳光的房子，开一个美学工作室。

为了攒钱，我经常晚上吃方便面，把一个面块掰开成四份分开泡，就着馒头吃，这样可以吃四顿。晚上9点以后才去超市，因为能买到一天中最便宜的菜。

终于，在第5年，我辞职了。拿着8万元的全部积蓄，和一个朋友合开了一个美学工作室。我以为自己有过硬的专业技术，开个店就会有人主动上门，结果现实不尽如人意。那时我根本不懂如何引流、私聊转化，发售更是没听过，每天就是坐在店里等客户来，结果6个多月过去了，还没赚回装修成本。之前听过我课的学员，该来的都来了，没来的怎么发消息邀请也不来。房租、水电、前台人员工资……这些支出让我每天都愁，最后没办法，不到一年就关了门。

我躲在洗手间哭了半个多小时，回忆着从选地址到上货、开课、售后、甚至墙上的一幅画、照明用的灯，都是自己买的，感觉像自己孕育出来的孩子突然夭折了。我开始怀疑自己，觉得自己很没用。

低落了半个月，我知道这样下去不行，却又不知道方向在哪里，每晚在床上翻来覆去睡不着。我思考到底是什么原因导致了失败，最后发现这些年学的都是专业技能，而不是营销方面的技能，空有一腔热爱，不懂商业，所以输得很惨，我决心学习商业营销。

也就是在这个时候，我在朋友圈发现了文案营销课程。学习后，我开始在朋友圈输出优质内容，实现了月入 10 万元，逐渐赚到了人生的第一个 100 万元、200 万元，而且很多学员都是在看了我的朋友圈后，主动上门咨询的，老学员转介绍的也比较多，说看我的朋友圈在这个喧嚣的时代很治愈！学员有银行的、机关单位的、医院的、职场白领、日企 IT 人员、开美容院的、瑜伽圈的、知识 IP、宝妈……我的产品客单价，从最初的 198 元涨到最高 10 万元。

一路走来，从月工资 1800 元到年营收 200 万元，我发现最难的不是能力不足，而是心力不够，无法一次次突破心里的恐惧。**优秀的人不是不会害怕，而是敢于在害怕中前行**！

接下来，把我最重要的 4 点经验和你分享。

我的经验

突破不好意思谈钱的卡点

过往，我带过 9 年学员，发现很多人都有一个共性，即跟客户前面都聊得挺好的，一提到价格，自己就紧张得不行，浑身不自在，不想让人以为在赚他的钱，甚至会员到期了，也不好意思去说续费的事情。这其实是因为你对自己或产品价值不认可，认为自己不够好，所以不好意思做销售，也不敢卖高价。

友者生存 1：善用贵人杠杆

记得我收第一批徒弟，我花5万元学来的知识，想将课程定价为四五千元，先生说我最少值1万元。那一刻，我想的全是自己不行的点，比如第一次带徒弟没经验，先生的一句话点醒了我，他说我当老师时，去过北京的大学、长城、卫健委、建行讲座，我虽是第一次收徒弟，但底层逻辑是一样的。我一下子就有了自信，最后定价6800元，当天1个小时就收了10个学员！

后来，我就敢定价了，课程定价在2年内逐渐涨到5万多元，因为我对自己以及课的价值都非常笃定，相信可以帮到学员。你心里对自己价值的认可，是成事的关键！

一提到成交，很多人多少都有卡点，其实，营销的本质是更快地把你的产品送到有需要的人手里，去解决他们的问题，然后帮客户更早地过上想要的生活。成交等于成就。只有成交，才有机会去成就对方。正是因为学员们与我成交了，我才有机会带教他们。其实，换一个角度来看，会买才会卖。

《一年顶十年》的作者剽悍一只猫说："出去消费的时候，不要只消费，要观察别人是怎么卖的。"有一次，我去北京一家知名机构拍照，办了一张2万元的卡，整个过程我非常喜悦，还特地在学员群里，把这个过程当案例进行拆解，结果学员去效仿，十分奏效。

你看，你能愉快地被他人成交，也能愉快地成交他人！所以，大大方方成交，认认真真交付！

"我不行，我害怕"

你是否经常会觉得自己不行、害怕做不好、怕别人笑话，所以就一直不敢开始？

其实，很多时候，你不是害怕自己不行，而是害怕失败，不敢承

担责任，所以遇事就往后退，自己不想因为做决定而承担不确定的结果。

心理学上有个现象叫自证预言，即当你觉得自己不行的时候，就会找出各种理由来证明自己不行，结果就是你真的不行；而当你觉得自己行的时候，一个理由就够了！

有一个开辅导机构的学员，在遇见我的时候，说自己没动力，8年没涨过价。我说，我带你做一次发售，顺道把价格涨上去，结果半个月过去了，一点动静也没有，一问才知道她怕自己老公不同意，还觉得文案发得不行，最怕涨价了没人来报名。我跟她开玩笑说，猪肉、白菜都涨好几轮价了。最后，我说，我对你的结果负责，你干吧！那次通过做发售活动，她的价格涨了2倍。当时，她坐在桌子前，紧张得手心全是汗，结果1天收了4万元学费（她曾经2个月只进账2000元）。那一刻，她依然不敢相信，在月平均工资只有3000元的小城市，她可以1天获得很多人一年的收入！所以，不是你不行，而是自我设限太多。敢于尝试，人生才能有更多的可能！

过度在意别人的看法

我有一个朋友，本身是做讲师的，但不好意思在朋友圈招生，想发一下自己新获得的奖项吧，怕人家觉得自己在炫耀。

这个时代，酒香也怕巷子深，所以不要做有才华的穷人！

人有2种评价体系，一个叫外部评价体系，一个叫内部评价体系。

外部评价体系就是我认为我自己的样子，是基于别人是怎样看我的，我认为我就是别人认为的样子。内核不稳定的人，就会活在别人的评价里，别人的一句话就可以让他崩溃。

发个朋友圈遭到质疑了，就不敢发了，退缩了，那如果别人说你的工作不好、项目前景不行，你怎么办呢？你是为别人做事，还是为你自己做事？其实，别人没有那么喜欢关注你，是你太拿别人当回事啦。

内部评价体系：我更在乎自己内心的感受，做事的动力来自自己，不会因别人的评价而怀疑自己。

人生就这么短短几十年，不要等到真的老得走不动了，却连回忆都是苦涩的。不要跟子孙们说，我这一辈子啥也没干成，而要等到自己老的时候，除了儿女情长，还有大大小小闯荡过的闪闪发光的经历。

焦虑源于比较

有一个瑜伽馆主，焦虑得不行，看别人做抖音，她也去做，钱花了，可进店的没几个人。她又印传单，找人去地推，在社群里加好友推销，都没什么效果。

她来找我咨询的时候，已经一个多月没睡好觉了，就觉得没业绩是因为缺流量。我一问才知道，原来她私教小班一共有100多个付费会员，其实根本不缺流量，但进店的会员不到30个（还有20万元的卡没用完），好多会员办了卡没来上课，激活这70个老客户就可以解决收入的问题，而做好交付就会有复购和转介绍。于是我教了她2个方法，激活了社群，梳理出一个高客单产品，就这样，她现有的流量完全满足了提升业绩的需求。

"比"是一把匕首，每个人的花期不同，不需要跟别人比，只需

要优于过去的自己就好！

很多人盲目地对标别人取得的成果，而不去对标别人背后付出的过程，这是不对的。

从0到1，一步步实战，我也踩过很多"坑"。正因为经历过、淋过雨，所以我想赋能10万名女性，拥有把专业变成钱的能力。